틈만 나면 보고 싶은
융합 과학 이야기

화산과
지진
테마파크에
가다!

틈만 나면 보고 싶은 융합 과학 이야기
화산과 지진 테마파크에 가다!

초판 1쇄 인쇄 2016년 8월 12일
초판 1쇄 발행 2016년 8월 22일

글 최원석 | **그림** 나일영 | **감수** 구본철

펴낸이 김기호 | **편집본부장** 최재혁 | **편집장** 최은주 | **책임편집** 최지연
표지 디자인 김국훈, 김민숙 | **본문 편집·디자인** 구름돌
사진 제공 게티이미지코리아

펴낸곳 동아출판㈜ | **주소** 서울시 영등포구 은행로 30(여의도동)
대표전화(내용·구입·교환 문의) 1644-0600 | **홈페이지** www.dongapublishing.com
신고번호 제300-1951-4호(1951. 9. 19.)

©2016 최원석 · 동아출판

ISBN 978-89-00-40290-2 74400   978-89-00-37669-2 74400 (세트)

틈만 나면 보고 싶은
융합 과학 이야기

화산과 지진 테마파크에 가다!

글 최원석   그림 나일영

감수 구본철(전 KAIST 교수)

동아출판

미래 인재는 창의 융합 인재

이 책을 읽다 보니, 내가 어렸을 때 에디슨의 발명 이야기를 읽던 기억이 납니다. 그때 나는 에디슨이 달걀을 품은 이야기를 읽으면서 병아리를 부화시킬 수 있을 것 같다는 생각도 해 보았고, 에디슨이 발명한 축음기 사진을 보면서 멋진 공연을 하는 노래 요정들을 만나는 상상을 하기도 했습니다. 그러다가 직접 시계와 라디오를 분해하다 망가뜨려서 결국은 수리를 맡긴 일도 있었습니다.

지금 와서 생각해 보면 어린 시절의 경험과 생각들은 내 미래를 꿈꾸게 해 주었고, 지금의 나로 성장하게 해 주었습니다. 그래서 나는 어린 학생들을 만나면 행복한 것을 상상하고, 미래에 대한 꿈을 갖고, 꿈을 향해 열심히 도전하고, 상상한 미래를 꼭 실천해 보라고 이야기합니다.

어린이 여러분의 꿈은 무엇인가요? 여러분이 주인공이 될 미래는 어떤 세상일까요? 미래는 과학 기술이 더욱 발전해서 지금보다 더 편리하고 신기한 것도 많아지겠지만, 우리들이 함께 해결해야 할 문제들도 많아질 것입니다. 그래서 과학을 단순히 지식으로만 이해하는 것이 아니라, 세상을 아름답고 편리하게 만들기 위해 여러 관점에서 바라보고 창의적으로 접근하는 융합적인 사고가 중요합니다. 나는 여러분이 즐겁고 풍요로운 미래 세상을 열어 주는, 훌륭한 사람이 될 것이라고 믿습니다.

　동아출판 〈틈만 나면 보고 싶은 융합 과학 이야기〉 시리즈는 그동안 과학을 설명하던 방식과 달리, 과학을 융합적으로 바라볼 수 있도록 구성되었습니다. 각 권은 생활 속 주제를 통해 과학(S), 기술공학(TE), 수학(M), 인문예술(A) 지식을 잘 이해하도록 도울 뿐만 아니라, 과학 원리가 우리 생활을 편리하게 해 주는 데 어떻게 활용되었는지도 잘 보여 줍니다. 나는 이 책을 읽는 어린이들이 풍부한 상상력과 창의적인 생각으로 미래 인재인 창의 융합 인재로 성장하리라는 것을 확신합니다.

전 카이스트 문화기술대학원 교수 구본철

'불카누스'에 오신 것을 환영합니다

　만약 공룡들이 살아남아서 문명을 건설했다면 어떨까요? 아마도 공룡들은 약 6,500만 년 전에 있었던 운석 충돌이 가장 무서운 사건이라고 기록했을 거예요. 하지만 운석 충돌은 인간이 지구에 등장하기 훨씬 전에 일어난 사건이어서 우리에게는 별로 큰 사건으로 와 닿지 않아요.

　운석 충돌과 달리 화산과 지진은 인류에게 끊임없는 공포와 놀라움의 대상이었어요. 지진이 일어나는 것은 신이 분노해서 일으키는, 경천동지(하늘을 놀라게 하고 땅을 뒤흔든다는 뜻)할 만한 일이라고 생각했어요. 또 화산 폭발은 화산 아래에 사는 신들이 일으키는 것이라고 여겼지요.

　오랜 세월 동안 인류는 화산과 지진을 무서워했어요. 화산과 지진은 역사를 바꾸어 놓을 만큼 강력한 위력을 지녔지만 사람들은 화산과 지진에 대해 아는 것이 전혀 없었기 때문이지요. 1556년에 중국 산시 성에서는 한 번의 지진으로 제주도 인구보다 많은 사람이 죽었어요. 또한 79년 이탈리아 베수비오 화산 폭발로 한 도시가 화산재 속에 그대로 파묻혀 버리기도 했지요.

　그렇다면 화산과 지진은 역사 속의 이야기일 뿐일까요? 그렇지 않아요.

지금도 해마다 많은 사람들이 화산 폭발과 지진으로 피해를 입고 있어요.
그래서 우리는 화산과 지진에 대해 연구하고 피해를 입지 않도록 잘 대비
해야 해요. 준비만 잘한다면 화산과 지진이 두려운 존재만은 아니니까요.

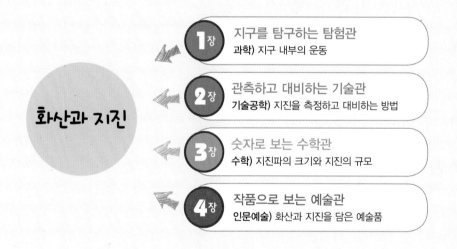

화산과 지진

1장 지구를 탐구하는 탐험관
과학) 지구 내부의 운동

2장 관측하고 대비하는 기술관
기술공학) 지진을 측정하고 대비하는 방법

3장 숫자로 보는 수학관
수학) 지진파의 크기와 지진의 규모

4장 작품으로 보는 예술관
인문예술) 화산과 지진을 담은 예술품

　여러분! 세계 최초의 화산과 지진 테마파크 '불카누스'에 오신 것을 환영
합니다. 지금부터 화산과 지진 속으로 신나는 모험을 떠나 볼까요?

최원석

차례

추천의 말 ┄┄┄┄┄┄┄┄┄┄┄┄┄┄┄┄┄┄┄┄┄ 4

작가의 말 ┄┄┄┄┄┄┄┄┄┄┄┄┄┄┄┄┄┄┄┄┄ 6

1장 지구를 탐구하는 **탐험관**

화산과 지진 테마파크, 불카누스 ┄┄┄┄┄┄┄┄┄ 12

지구 내부는 어떻게 생겼을까? ┄┄┄┄┄┄┄┄┄┄ 14

거대한 대륙이 움직인다고? ┄┄┄┄┄┄┄┄┄┄┄ 18

대륙을 움직이는 맨틀 대류 ┄┄┄┄┄┄┄┄┄┄┄ 22

판 구조론이 뭘까? ┄┄┄┄┄┄┄┄┄┄┄┄┄┄┄ 26

마그마를 토해 내는 화산 ┄┄┄┄┄┄┄┄┄┄┄┄ 32

〈체험관 휴게실〉 백두산의 화산 활동 ┄┄┄┄┄┄ 38

STEAM 쏙 교과 쏙 ┄┄┄┄┄┄┄┄┄┄┄┄┄┄ 40

2장 관측하고 대비하는 **기술관**

훔볼트 박사를 만나다 ┄┄┄┄┄┄┄┄┄┄┄┄┄┄ 44

지진의 충격을 전달하는 지진파 ┄┄┄┄┄┄┄┄┄ 46

화산 폭발과 지진 예측이 가능할까? ┄┄┄┄┄┄┄ 50

〈실험〉 간이 수평 지진계 만들기 ┄┄┄┄┄┄┄┄ 54

어떻게 지진에 견딜 수 있을까? ┄┄┄┄┄┄┄┄┄ 56

지진 해일을 관측하라 ┄┄┄┄┄┄┄┄┄┄┄┄┄┄ 60

〈체험관 휴게실〉 화산 폭발과 지진 발생 시 대피 요령 66

STEAM 쏙 교과 쏙 ┄┄┄┄┄┄┄┄┄┄┄┄┄┄ 68

3장 숫자로 보는 **수학관**

리히터 박사를 만나다 ———————————————— 72

진폭에 따라 달라져 ———————————————— 74

지진의 세기 비교 ———————————————— 78

지진파로 진원 찾기 ———————————————— 86

거리를 어떻게 구할까? ———————————————— 92

STEAM 쏙 교과 쏙 ———————————————— 96

4장 작품으로 보는 **예술관**

상상력을 자극하는 화산과 지진 ———————————— 100

불카누스의 대장간 ———————————————— 102

화산재에 묻힌 도시, 폼페이 ———————————— 106

화산 폭발은 역사도 바꾼다 ———————————— 110

화산은 예술가 ———————————————— 114

화산 폭발이 만든 붉은 노을 ———————————— 118

화산과 지진 체험 완료 ———————————————— 122

STEAM 쏙 교과 쏙 ———————————————— 124

핵심 용어 ———————————————————— 126

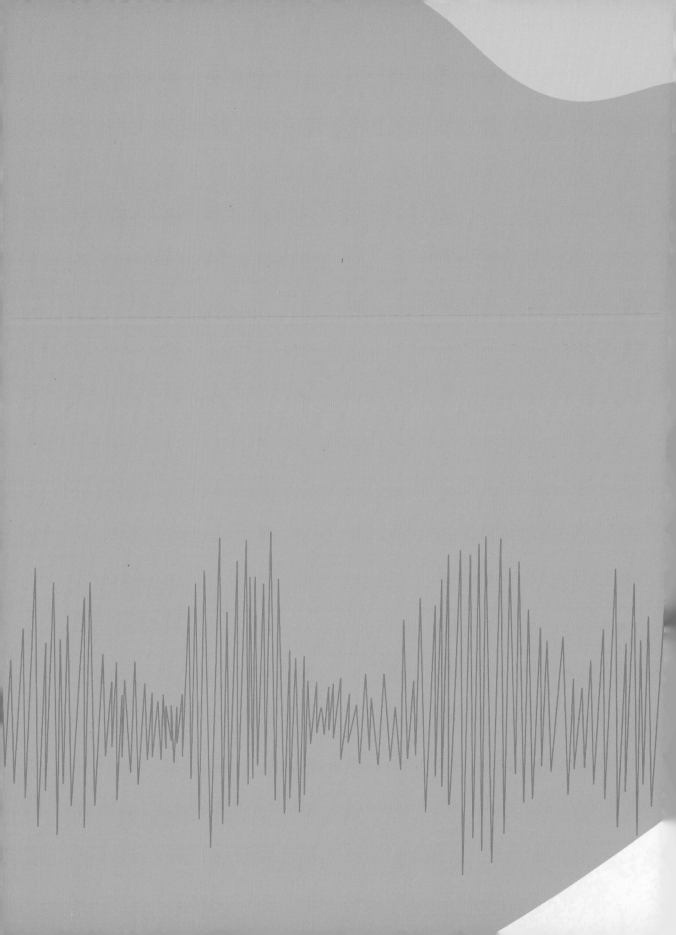

1장

지구를
탐구하는
탐험관

화산과 지진 테마파크, 불카누스

지금은 2100년. 얼마 전 세계 최초의 화산과 지진 테마파크인 '불카누스'가 강원도에 만들어졌어요. 불카누스는 화산과 지진에 대한 다양한 정보를 제공하고 여러 가지 **신나는 체험**을 할 수 있는 곳이지요.

일요일 아침 일찍 백두와 한라, 미진이는 방학 숙제인 체험 보고서를 쓰기 위해 불카누스에 왔어요.

"와, 여기가 불카누스구나! 멋지다!"

"생각보다 훨씬 크네! 산속에 이렇게 큰 테마파크가 있다니 놀라워."

불카누스는 산 전체가 테마파크로 꾸며져 큰 규모를 자랑했어요. 아이들은 불카누스의 거대한 모습에 **흥분된 마음**을 억누를 수 없었지요.

"얘들아, 빨리 안으로 들어가 보자."

아이들은 표를 산 뒤 '지구를 탐구하는 탐험관'으로 걸어갔어요.

"우아, 체험관이 화산 모양이네! 그런데 문이 어디 있지?"

아이들이 출입문을 찾는데 화산 속에서 한 사람이 걸어 나왔어요.

"앗, 깜짝이야! 누구세요?"

백두가 깜짝 놀라 한라에게 와락 안기며 물었어요.

"안녕? 나는 너희를 안내할 알프레트 베게너 박사야. 독일의 지구 물리학자이자 기상학자이지. 너희가 화산과 지진에 대해 쉽게 알 수 있도록 도와줄 거야."

베게너 박사는 불카누스가 자랑하는 **인공 지능 로봇**이었어요. 아주 정교하게 만들어져 마치 진짜 사람 같았지요.

"박사님, 어떻게 화산 속에서 걸어 나오세요?"

"이 화산은 **홀로그램**으로 만든 거야. 그래서 안으로 들어갈 수 있지. 나랑 같이 들어가 볼래?"

아이들은 베게너 박사를 따라 화산 속으로 들어갔어요.

어서 오렴.
난 알프레트
베게너 박사란다.

지구를 탐구하는
탐험관

지구 내부는 어떻게 생겼을까?

"화산과 지진에 대해 알기 위해서는 먼저 지구 내부의 구조를 알아야 해. 그럼 지구 내부로 여행을 떠나 볼까?"

베게너 박사는 아이들을 로켓 모양의 커다란 탐사선이 있는 곳으로 데려 갔어요. 아이들이 탐사선 안으로 들어가자 저절로 불이 켜지고 메인 컴퓨터에서 안내 방송이 흘러나왔어요.

"여러분, 환영합니다! 이 탐사선은 땅속을 체험하는 탐사선입니다. 지금부터 지구 내부의 세계로 여러분을 안내할 테니 자리에 앉아 주십시오."

아이들이 자리에 앉자 탐사선이 움직였어요. 탐사선의 앞쪽에 달린 커다란 드릴이 돌아가며 땅속으로 점점 깊이 들어갔지요. 아이들은 탐사선이 지나는 땅속 모습을 유리창으로 볼 수 있었어요.

한참을 내려가던 탐사선이 갑자기 멈추고 안내 방송이 나왔어요.

"지금 우리가 있는 곳은 지하 35km 지점입니다. 바로 지각의 끝부분이지요. 여러분, 화면을 봐 주십시오."

탐사선 모니터에는 **커다란** 공 모양 그림이 나타났어요.

"이 그림은 지구 내부의 구조를 나타낸 거야. 지구 내부는 지각, 맨틀, 외핵, 내핵으로 이루어져 있지. 우리가 지나온 곳은 지각이야. 지각은 지구의 맨 바깥층으로, 단단한 암석으로 이루어져 있단다."

베게너 박사가 화면을 보며 친절하게 설명해 주었어요.

"이제 우리는 지각 아래에 있는 맨틀을 지날 거야. 맨틀은 뜨거운 고체 상태의 층이야. 맨틀 아래에는 금속이 녹아 *펄펄 끓는* 액체 상태의 외핵이 있어. 외핵 아래에는 내핵이 있는데, 내핵은 공 모양이며 고체 상태로 온도가 가장 높단다."

미진이는 베게너 박사의 말을 듣다가 궁금한 게 생겨서 물었어요.

"박사님, 사람들이 어떻게 지구 내부의 구조를 알아냈나요?"

"당연히 땅을 직접 파서 알아냈겠지."

백두가 잘난 체를 하며 말했어요.

"아니란다. 사람들은 기계로 **땅속을 뚫어** 지구의 내부를 알아내려고 했지만 땅속을 뚫는 데는 한계가 있었어. 러시아 과학자들이 지각을 약 13km 정도 뚫은 것이 가장 깊게 판 것이지."

"그 정도 파서는 지구 내부 구조를 알 수 없지 않나요?"

"맞아. 직접적으로 지구 내부를 알아내는 또 다른 방법으로는 화산 분출물을 조사하는 방법이 있어. 화산이 폭발하면 지구 내부의 물질이 밖으로 나오니까 이 물질을 조사하면 지구 속에 어떤 물질이 있는지 알 수 있지."

베게너 박사의 설명에 갑자기 백두가 **웃음**을 터뜨렸어요.

"킥킥, 화산 분출물이라는 말을 들으니까 며칠 전 한라네 모습이 생각난다. 그날 자장면 곱빼기에 짬뽕까지 먹고 난 뒤 배탈이 나고 토했잖아."

한라는 얼굴이 빨개졌고 백두와 미진이는 웃었어요. 베게너 박사도 빙그레 웃더니 설명을 계속했어요.

"그런데 직접적인 방법으로는 지구 내부의 구조를 조금밖에 알아낼 수 없었어. 그래서 **지진파**를 이용해 간접적인 방법으로 알아냈지."

"간접적인 방법이라고요?"

"병원에서 초음파나 엑스선으로 몸속을 관찰하는 것과 같은 원리야. 너희가 다리를 다쳤을 때 엑스레이를 찍으면 뼈를 직접 보지 않고도 엑스선

사진으로 뼈에 이상이 있는지 없는지를 알 수 있지? 그것과 비슷해. 지진파는 지진이 일어날 때 생기는 파동을 말한단다. 과학자들은 지진파가 지구 내부를 **통과하는 모습**을 보고 지구 내부가 크게 4개의 층으로 되어 있는 것을 알아냈어. 지진파가 지구 내부를 통과하는 모습과 속도 변화를 관찰해서 알게 된 것이지."

"그게 바로 지각, 맨틀, 외핵, 내핵인 건가요?"

"그렇지. 아까 설명을 잘 들었구나! 지진파에 대해서는 다른 체험관에서 자세히 공부할 거야."

베게너 박사의 설명을 듣는 동안 어느새 탐사선은 내핵까지 내려왔어요.

"이곳이 바로 지구의 중심인 내핵이란다."

"와, 우리가 지구 중심에 와 있다니 정말 신기하다!"

지구 중심에 닿은 탐사선은 다시 땅 위를 향해 **솟아오르기** 시작했어요.

거대한 대륙이 움직인다고?

"지구 내부 모험은 즐거웠니? 이제부터 대륙에 대해 이야기해 볼까?"

베게너 박사는 탐사선에서 나온 아이들을 큰 지구본 영상이 있는 방으로 데려갔어요. 베게너 박사가 지구본을 만지자 지구본이 **넓게** 펴졌어요.

"자, 지금부터 재미있는 것을 보여 줄게."

베게너 박사는 마치 퍼즐 조각을 맞추듯이 지구본 속의 대륙을 이리저리 움직였어요. 그러자 대륙들이 한곳으로 모였지요. 그런데 남아메리카 동쪽 해안선과 아프리카 서쪽 해안선은 퍼즐 조각처럼 잘 들어맞았어요.

"와, 저 두 대륙의 해안선은 잘 들어맞네. **신기하다!**"

"왜 남아메리카와 아프리카의 해안선이 잘 들어맞는지 아는 사람?"

"혹시 원래 두 대륙이 하나로 붙어 있었던 것이 아닐까요?"

한라의 추측에 베게너 박사는 고개를 끄덕이며 말했어요.

18

"그래, 한라 네 말대로 아주 옛날에는 두 대륙이 붙어 있었단다. 나는 예전에 지구 구조에 대해서 연구했는데, 아주 옛날에는 지구 상의 대륙들이 하나로 뭉쳐 있다가 분리되고 오랜 세월 동안 천천히 이동해서 오늘날과 같은 모습이 되었다는 생각을 하게 되었어. 그래서 1915년에 '대륙 이동설'을 발표했단다."

"대륙이 이동했다고요? 어떻게 엄청나게 큰 대륙이 움직일 수 있죠?"

"너희들처럼 내가 대륙 이동설을 발표했을 때 사람들은 내 말을 믿어 주지 않았어. 그래서 나는 내 주장을 뒷받침할 여러 가지 증거를 제시했지. 첫째 증거는 남아메리카 동쪽 해안선과 아프리카 서쪽 해안선 모양이 일치한다는 것이야. 하지만 사람들은 해안선이 일치하는 건 우연일 뿐이라고 말했어. 그래서 나는 다른 증거로 두 대륙에서 같은 화석이 발견된 것을 제시했단다. 메소사우루스는 3억 년 전쯤에 살던 고대 동물인데, 이 동물의 화석이 남아메리카와 아프리카 두 곳에서 모두 발견되었어. 이것은 한때 두 대륙이 붙어 있었다는 것을 말해 주지."

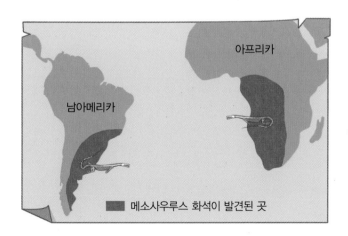

아프리카

남아메리카

■ 메소사우루스 화석이 발견된 곳

메소사우루스는 강이나 호수에서 살던 파충류야.

베게너 박사는 메소사우루스 화석이 발견된 곳을 표시한 지도를 홀로그램 영상으로 보여 주었어요.

"난 두 대륙의 지층도 조사했어. 지층은 암석이 순서대로 **차곡차곡** 쌓여서 만들어진 거야. 지층의 순서를 보면 두 대륙이 원래 붙어 있었는지를 알 수 있지."

베게너 박사는 샌드위치 그림을 보여 주며 설명했어요.

샌드위치의 단면

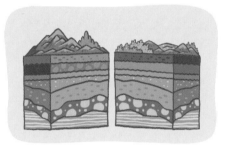

지층의 단면

"여러 가지 재료를 넣고 샌드위치를 만들었다고 생각해 봐. 샌드위치를 만든 뒤 두 조각으로 자르면 나누어진 두 샌드위치 재료는 같은 순서로 들어 있겠지? 이처럼 남아메리카와 아프리카가 원래 하나의 대륙이었다면 두 대륙의 지층도 같을 거야. 실제로 내가 두 대륙의 지층을 조사하니까 위쪽의 지층만 다를 뿐 나머지 지층은 똑같았어. 위쪽의 지층은 두 대륙이 분리되고 난 뒤에 쌓였기 때문에 달랐던 거고."

"와, 정말 남아메리카와 아프리카가 붙어 있었던 게 확실한가 봐요."

미진이가 고개를 끄덕이며 말했어요.

"대륙 이동에 대한 증거는 또 있어. 남아메리카, 아프리카, 인도, 오스트

레일리아의 암석에서 에 긁힌 흔적이 발견되었지. 아주 옛날에는 남아메리카, 아프리카, 인도, 오스트레일리아가 남극 대륙과 붙어 있다가 남극 대륙이 서서히 이동하면서 남극 대륙의 빙하가 다른 대륙의 암석을 부수거나 긁어서 암석에 흔적을 남긴 거야.”

“정말로 대륙이 이동했다는 증거가 많네요!”

베게너 박사는 새로운 영상을 보여 주었어요.

“이건 지금부터 약 3억 년 전 지구의 모습이야. 지금과 많이 다르지? 그때는 하나의 거대한 대륙을 이루고 있었어. 나는 이 거대한 대륙을 ‘모든 땅’이라는 뜻으로 ‘판게아’라고 불렀는데, 이 대륙이 분리되고 느린 속도로 움직여서 오늘날과 같이 나누어졌지.”

“와, 대륙이 움직여서 지구 모습이 바뀐다니 신기해요.”

“박사님, 정말 대륙이 움직인다면 왜 우리가 움직임을 못 느끼는 거죠?”

백두는 믿기지 않는다는 표정을 지으며 물었어요.

“그건 대륙이 아주 조금씩 움직이기 때문이야. 우리가 느끼지 못할 만큼 아주아주 느리게 말이지.”

대륙 모양이 이렇게 바뀌다니, 놀랍다!

약 3억 년 전　　　　약 6,500만 년 전　　　　현재

약 3억 년 전쯤에는 지구의 대륙이 하나로 붙어 있었는데, 약 2억 년 전부터 대륙이 갈라져 점점 이동하여 오늘날과 같은 모습이 되었다.

대륙을 움직이는 맨틀 대류

"사람들이 박사님이 제시한 증거들을 보고 대륙이 이동한다는 사실을 받아들였나요?"

"**안타깝게도** 그렇지 않았어. 내가 무엇이 대륙을 이동시키는지를 제대로 설명하지 못했기 때문에 사람들은 내 주장을 믿어 주지 않았지. 그런데 1928년에 영국의 지질학자인 아서 홈스가 '맨틀 대류설'을 주장하며 대륙이 이동하는 원인을 설명했어. 맨틀 대류설은 맨틀에서 대류 현상이 일어나 대륙이 이동한다는 이론이야."

"대류가 뭐예요?"

"대류는 액체나 기체에서 물질이 직접 이동하면서 열이 이동하는 현상을 말해. 라면을 먹으려고 냄비에 물을 넣고 끓이면 물은 대류 현상을 일으키지. 즉 냄비 아래쪽에 있는 물은 가열되어 가벼워져 위로 **올라가고** 위쪽의 차가운 물은 따뜻한 물보다 무거워서 아래로 **내려오게** 돼. 이런 과정이 반복되면서 물의 온도가 전체적으로 높아지게 된단다."

더운물 이동

찬물 이동

"그럼 맨틀이 물처럼 움직인다는 거예요? 아까 맨틀은 고체라고 했는데, 고체가 어떻게 움직이죠?"

"오, 미진이가 설명을 잘 들었구나! 맞아. 맨틀은 고체이지만 온도가 높아 가벼워서 액체처럼 움직일 수 있어. 홈스는 맨틀이 지구 내부의 **열**을 받아 대류 현상을 일으켜 움직이는데, 맨틀이 움직일 때 맨틀 위에 있는 대륙이 따라서 움직인다고 주장했어."

"그럼 무엇이 대륙을 이동시키는지 알았으니까 사람들이 대륙 이동설을 받아들였겠네요?"

미진이가 베게너 박사의 설명을 열심히 듣다가 물었어요.

"아니, 안타깝게도 홈스는 맨틀에서 대류가 일어나는 증거를 찾지 못했어. 그래서 당시 대부분의 과학자들은 홈스의 가설을 믿어 주지 않았지. 그 당시 기술로는 맨틀 대류의 증거를 찾을 수 없었거든. 맨틀 대류의 증거는 시간이 한참 흐른 뒤에 **해저**에서 찾을 수 있었어."

"해저라면 바다 밑바닥 말인가요?"

백두가 눈을 동그랗게 뜨며 물었어요.

"맞아. 1950년대에 해저 탐사 기술이 발달하면서 깊은 바다를 조사할 수 있게 되었어. 과학자들은 대서양의 깊은 바다 밑을 조사하다가 밑바닥에서 육지의 산맥 같은 긴 산맥을 발견했지. 바다 밑에 있는 산맥을 '해령'이라고 부르는데, 이것이 바로 맨틀 대류의 증거야."

"바다 밑에 산맥이 있다고요?"

백두가 깜짝 놀라 소리를 질렀어요.

"하하, 놀랐니? 바다 밑 산맥은 육지 산맥보다 훨씬 길단다."

"박사님, 바다 밑의 산맥이 왜 맨틀 대류의 증거가 되는 거예요?"

미진이가 고개를 갸우뚱하자 베게너 박사는 영상을 보여 주었어요.

"이 영상에서 보듯이 바다 밑바닥은 일부분이 갈라져 있고, 그 틈으로 맨

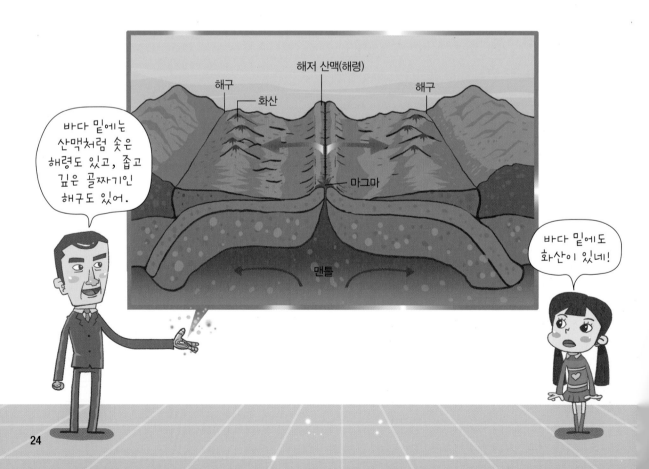

바다 밑에는 산맥처럼 솟은 해령도 있고, 좁고 깊은 골짜기인 해구도 있어.

바다 밑에도 화산이 있네!

틀에 있던 마그마가 올라온단다. 마그마는 맨틀이나 지각의 아랫부분이 뜨거운 열에 녹아서 만들어지는 액체 상태의 물질이야. 위로 올라온 뜨거운 마그마는 찬 바닷물에 닿아 식으면서 굳어져 새로운 해양 지각을 만들어. 이 새로운 해양 지각은 맨틀 대류에 의해 양옆으로 이동하면서 오래된 해양 지각을 대륙 쪽으로 밀어 내서 바다 밑이 계속 넓어지게 돼. 새로운 해양 지각이 해령에서 계속 만들어져 이동해서 바다 밑이 확장된다는 가설을 '해저 확장설'이라고 해. 해저가 움직이고 있다면 대륙도 움직이고 있다는 말이니까 해저 확장설이 대륙 이동설을 뒷받침해 주는 거지."

"바다 밑이 계속 넓어진다고요? 에이, 말도 안 돼요."

백두는 믿을 수 없다고 손사래를 쳤어요.

"바다 밑이 점점 넓어진다면 지구가 계속 커지고 있다는 거예요?"

미진이도 놀라서 눈을 동그랗게 뜨며 물었어요.

"그렇지 않아. 바다 밑이 넓어진 만큼 한쪽에서는 오래된 해양 지각이 사라지기 때문에 지구의 크기는 항상 똑같아. 만들어진 지 오래된 해양 지각은 대륙 지각 아래로 밀려 들어가서 없어지는데, 이곳을 '해구'라고 해. 해구는 해양에서 가장 깊은 곳이란다."

가만히 듣고 있던 한라가 물었어요.

"바다 밑이 확장된다는 증거가 있나요?"

"과학자들은 해령에서 멀어질수록 해양 지각의 나이가 많아진다는 사실을 알아냈어. 해양 지각이 해령에서 만들어져 해구로 이동해서 사라지니까 당연히 해구에 있는 지각의 나이가 많은 거지. 또 해령에서 멀어질수록 해양 지각의 두께가 두꺼워지는 것도 해저가 확장된다는 증거란다."

판 구조론이 뭘까?

"지각이 새로 만들어지기도 하고 사라지기도 한다니 정말 신기해요."

미진이가 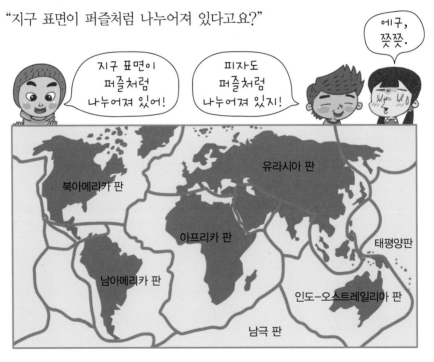 가득한 표정을 지으며 말했어요.

"해저가 확장된다는 주장은 여러 가지 증거가 쌓이면서 과학자들에게 인정받았어. 그리고 1960년대에는 해저 확장설이 판 구조론으로 발전했지."

"판 구조론이 뭐예요? 말이 어려워요."

"판 구조론을 알려면 먼저 판에 대해 알아야 해. 지구 표면은 '판'이라고 하는 여러 개의 조각으로 나누어져 있어. 판은 **단단한** 암석 판을 말하는데, 이 판 위에 대륙이 놓여 있지."

"지구 표면이 퍼즐처럼 나누어져 있다고요?"

지구 표면은 7개의 커다란 판과 여러 개의 작은 판으로 갈라져 있다.

한라가 믿지 못하겠다는 표정을 하며 물었어요.

"그래, 맞아. 퍼즐 하나가 여러 조각으로 되어 있는 것처럼 지구 표면도 10여 개의 판으로 이루어져 있어. 판 구조론에 의하면 판은 맨틀 위에 떠 있는데, 맨틀이 대류 현상 때문에 움직이면 판도 따라서 움직인다고 해. 마치 강에 있는 뗏목이 강물의 흐름에 따라 이동하는 것처럼 맨틀의 이동에 따라 판들도 이동하면서 대륙이 이동하는 거지."

"맨틀 대류 때문에 판이 움직이고, 판이 움직여서 대륙이 이동한다는 거예요?"

미진이가 베게너 박사의 말을 정리하며 말했어요.

"그렇지. 판은 지각과 맨틀의 윗부분으로 이루어져 있는데, 그 아랫부분보다 **단단해서** '암석권'이라고 해. 그리고 암석권 아래에는 움직일 수 있는 맨틀이 있는데, 암석권보다 무르다는 뜻으로 '연약권'이라고 부르지. 연약권이 대류에 의해 움직이면 그 위에 있는 판이 따라서 움직이는 거야. 판에는 해양판과 대륙판이 있는데, 판 위에 바다가 있는 판은 해양판이고, 대륙이 있는 판은 대륙판이란다."

판의 구조

27

"판 구조론으로 베게너 박사님이 말한 대륙이 이동한다는 주장이 사실로 확인된 거네요."

"그렇지. 그래서 요즘에는 사람들이 대륙이 움직인다는 사실을 당연하게 받아들이고 있단다."

"박사님, 그런데 화산과 지진 테마파크에서 왜 지구 내부의 구조나 판 구조론 같은 것을 배우는 거예요?"

백두가 고개를 갸웃거렸어요.

"좋은 질문이야. 여기에서 지구 내부의 구조부터 판 구조론까지 설명하는 것은 이런 연구를 통해 화산과 지진에 대해 많은 것을 알게 되었기 때문이야. 또 지진과 화산 활동은 판의 움직임 때문에 일어나기도 하고."

"지진과 화산 활동이 판이 움직여서 일어난다고요?"

"그래. 판이 움직이고 충돌하면 지진과 화산 폭발뿐만 아니라 다양한 지각 변동이 일어나. 실제로 지진과 화산 활동은 대부분 판의 경계에서 일어난단다."

"그럼 모든 판의 경계에서 같은 현상이 일어나나요?"

"그렇지 않아. 어떤 경계냐에 따라 달라지지. 판의 경계는 크게 세 가지로 나눌 수 있어. 판이 서로 멀어지는 경계, 판이 서로 충돌하는 경계, 판이 서로 어긋나는 경계로 구분할 수 있지."

"판과 판이 멀어지면 어떤 일이 생기나요?"

"판이 멀어지면 그 사이에서 마그마가 올라와 새로운 땅이 만들어져. 이것이 아까 말한 해저 산맥, 즉 해령이야. 대서양 밑바닥에는 판이 멀어지면서 길이가 15,000km나 되는 엄청나게 거대한 산맥이 생겼단다. 바로 대서양 중앙 해령이야."

"해령이 15,000km나 된다고요? 와, 엄청 기네요!"

"그래. 15,000km면 서울에서 부산까지 거리의 32배가 넘는단다."

판과 판이 멀어지는 경계에서는 마그마가 올라와 새로운 해양 지각이 만들어진다.

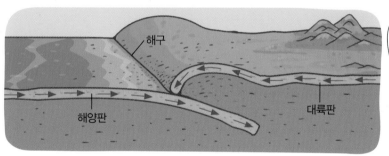

판과 판이 충돌하는 경계에서는 땅이 밀려 들어가면서 해구가 만들어지거나 땅이
솟아올라 산맥이 만들어진다.

판과 판이 어긋나는 경계에서는 지층이 끊어져 반대 방향으로 이동한다.

"박사님, 판이 충돌하면 어떤 일이 생기나요?"

베게너 박사는 새로운 영상을 보여 주며 퀴즈를 하나 냈어요.

"이 영상은 세계에서 가장 높은 산맥의 영상이야. 어디일까?"

"히말라야 산맥요!"

한라가 손을 번쩍 들더니 큰 소리로 말했어요.

"맞아. 한라는 지리를 잘 아는구나! 아까 판이 충돌하면 어떤 일이 생기냐고 물었지? 바로 히말라야 산맥이 두 개의 판이 서로 충돌해서 만들어진 거야."

"네? 판이 충돌해서 산맥이 만들어졌다고요? 에이, 농담이시죠?"

" 정말이야. 히말라야 산맥이 있는 곳은 아주 오래전에는 바다였는데, 판이 충돌해 땅이 휘면서 위로 솟아올라 산맥이 되었어. 지금도 1년에 약 5cm씩 높아지고 있단다."

"헉, 진짜예요? 믿어지지 않아요."

"그래서 히말라야 산맥에 있는 에베레스트 산에서는 고대에 바다에서 살았던 생물의 화석이 발견되지."

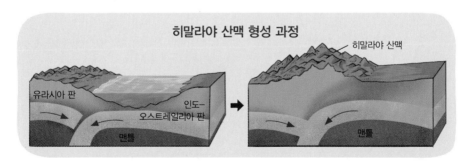

히말라야 산맥 형성 과정

무거운 인도-오스트레일리아 판이 유라시아 판 아래로 들어가면서 바닷속에 잠긴 땅이 솟아올라 히말라야 산맥이 만들어졌다.

샌 앤드레이어스 단층은 길이가 1,050km나 돼.

샌 앤드레이어스 단층은 태평양판과 북아메리카 판이 만나는 곳에 생겼다.

베게너 박사가 새로운 영상을 보여 주자 백두가 놀라서 물었어요.

"와, 땅이 **짝** 갈라져 있네. 박사님, 여긴 어디예요?"

"이것은 미국에 있는 샌 앤드레이어스 단층이라는 거야. 단층은 끊어진 지층을 말해. 겹겹이 쌓인 지층이 양쪽에서 밀거나 당기는 힘 때문에 끊어지거나 **어긋나서** 생기지. 아까 판의 경계를 설명할 때 판이 어긋나는 경계가 있다고 했지? 샌 앤드레이어스 단층이 바로 판과 판이 어긋나면서 땅이 계속 이동하는 바람에 지층이 끊어져서 생긴 거란다."

"땅이 저렇게 갈라진다니 무섭기도 하고 신기하기도 하네요."

"그런데 박사님, 지진과 화산 활동은 판의 경계에서만 일어나나요?"

"꼭 그렇지는 않아. 하와이는 화산 활동이 아주 활발한 화산섬인데, 판의 경계에 있지 않아. 하와이처럼 판의 중간 부분에서도 지진이나 화산 활동이 일어나기도 한단다."

마그마를 토해 내는 화산

베게너 박사와 아이들이 다른 방에 들어가자 우르르 쾅쾅
하고 커다란 폭발 소리가 났어요.

"**아이, 깜짝이야!** 박사님, 이게 무슨 소리예요?"

"저 화산이 폭발하는 소리란다."

베게너 박사가 가리키는 곳을 보니 **새빨간 용암**이 줄줄
흘러내리는 커다란 화산 모형이 있었어요.

"와, 진짜 화산 같다!"

"용암 좀 봐. 엄청 뜨거울 것 같아."

"박사님, 화산은 왜 폭발하는 거예요?"

"땅속 깊은 곳에서는 지구 내부의 열로 암석이 녹아 마그마가
만들어져. 마그마는 기체를 많이 포함하고 있어서 주위의
암석보다 가벼워 지각의 약한 틈을 뚫고 서서히 위로
올라오지. 이때 압력이 높아진 마그마가 지표의
약한 부분을 **뚫고** 나오면서 화산이 폭발
하는 거야."

피해!
화산 폭발이야!

못 말려!
이리 와!

저거
모형이라고!

"화산이 폭발할 때 **시커먼 연기**가 크게 치솟던데, 왜 그런 거예요?"

"그건 마그마와 함께 화산 가스가 나오기 때문이야. 화산 가스는 대부분 수증기로 이루어져 있고, 이산화탄소와 이산화황 등이 포함되어 있지. 화산이 분출할 때는 화산 가스뿐만 아니라 크기가 아주 작은 화산재도 나오고 암석 조각들도 나와."

"그리고 시뻘건 용암도 흘러내리죠?"

백두가 용암을 가리키며 우쭐해서 말했어요.

"맞아. 용암은 마그마가 지표로 나와 흐르는 거야. 마그마는 만들어지는 장소에 따라 성질이 달라. 따라서 당연히 용암도 성질이 다르겠지? 점성이 높은 용암도 있고 낮은 용암도 있는데, 점성은 **끈적거리는** 정도를 말해. 점성이 높으면 용암이 느리게 흐르고, 점성이 낮으면 빠르게 흘러. 그래서 용암의 점성 정도에 따라 화산 모양도 달라지지."

마그마는 지하 50~200km에 있는 암석이 녹아서 만들어진 거란다.

"어떻게 달라지는데요?"

베게너 박사는 제주도 한라산과 산방산 영상을 차례로 보여 주었어요.

"한라산은 기울기가 완만하고, 산방산은 기울기가 급한 모양이지? 한라산은 점성이 낮은 용암이 **빠른 속도**로 넓게 흘러가서 만들어졌어. 이런 화산을 '순상 화산'이라고 해. 반면에 산방산은 점성이 높은 용암이 멀리까지 흘러가기 전에 굳어져서 만들어졌는데, 이런 화산을 '종상 화산'이라고 한단다."

"네? 한라산과 산방산이 화산이라고요?"

아이들은 베게너 박사의 말에 모두 **깜짝** 놀랐어요.

베게너 박사는 웃으면서 다른 영상을 보여 주었어요.

"하하, 그렇단다. 이 영상은 일본의 후지 산인데, 후지 산도 화산이란다. 후지 산은 점성이 높은 용암이 아주 천천히 흘러내려서 만들어졌어. 그래서 모양이 뾰족하지. 후지 산과 같은 모양의 화산을 '성층 화산'이라고 해. 성층 화산은 화산 활동이 반복적으로 일어나 용암과 화산재 등이 여러 층으로 쌓여서 만들어진단다."

"용암의 성질에 따라 화산 모양이 달라진다니 참 신기해요."

"박사님, 한라산과 산방산은 화산인데 왜 **폭발하지** 않아요?"

"한라산은 고려 시대 때 폭발한 적이 있어. 지금은 활동을 쉬고 있지만 언젠가 또 폭발할 수도 있단다. 백두산도 한반도의 대표적인 화산이야."

"우아, 한라산이 폭발한다면 정말 무섭겠네요."

백두가 몸을 살짝 떨며 말했어요.

"화산 중에는 눈에 잘 띄지 않아서 화산인지 아닌지 알 수 없는 화산도 많아. 이런 화산들 중에는 활동을 완전히 멈추어서 다시는 폭발하지 않는 화산도 있지만, 앞으로 폭발할 우려가 있는 화산도 있지. 또 전 세계에는 지금도 활발하게 활동하는 화산도 많단다."

"아, 그렇구나."

 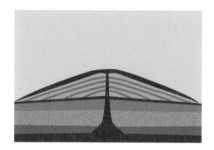

제주도 한라산은 순상 화산으로, 기울기가 완만한 방패 모양이다.

 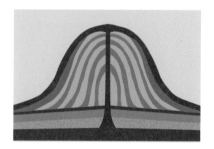

제주도 산방산은 종상 화산으로, 기울기가 급한 종 모양이다.

 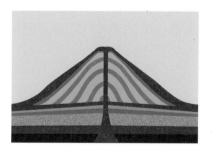

일본 후지 산은 성층 화산으로, 기울기가 급한 원뿔 모양이다.

바다 깊은 곳에서 솟아오른 화산의 일부가 섬이 되다니 신기하다!

화산 분출

화산섬

"너희들 제주도가 화산 폭발로 생긴 것은 알고 있니?"

"네, 지난번에 제주도로 가족 여행을 갔다가 들었어요."

"아까 바다 밑에 화산이 있던 거 기억하니? 바다 밑 화산을 해저 화산이라고 하는데, 해저 화산에서 분출한 용암과 화산재가 쌓여 수면 위로 올라오면 **화산섬**이 만들어져. 울릉도와 독도도 화산섬이란다."

베게너 박사는 화산섬이 생겨나는 영상을 보여 주었어요.

"화산 분출로 섬이 생겨난다니 정말 놀라워요!"

"퀴즈를 하나 낼까? 화산이 있는 **깊은 바닷속**에서는 생물이 살 수 있을까, 없을까?"

"햇빛이 들지 않아서 살 수 없을 거 같은데요."

"그럴 것 같지? 하지만 그곳에서도 여러 생물이 살아. 햇빛이 들어오지 않는 깊은 바닷속 해령에는 마그마의 열로 데워진 **뜨거운** 물이 솟아나오는 '열수공'이라는 구멍이 있어. 이 구멍 근처에서는 생물들이 살아가는 데 필요한 유기물을 얻을 수 있기 때문에 다양한 생물들이 살고 있단다."

"깊은 바닷속에서는 마그마가 생물들이 사는 데 중요한 역할을 하네요."

"그렇단다. 화산은 초기 원시 지구에서도 생명에 불을 지피는 역할을 했어. 많은 과학자들이 화산 때문에 지구에 생명체가 탄생했다고 생각하지."

"화산이 어떻게 생명을 탄생시키죠? 이해가 안 돼요."

아이들은 베게너 박사의 말에 고개를 갸우뚱했어요.

"지구가 우주에 처음 생겨났을 무렵에는 지구에서 수많은 화산이 폭발했어. 그로 인해 엄청난 양의 수증기가 뿜어져 나와 대기를 형성했지. 대기 중에 있던 수증기는 물방울로 변해 비가 되어 땅에 내렸고 그 물이 합쳐져서 바다가 생겼어. 그리고 지구 최초의 생명체가 바다에서 태어났고."

"그럼 화산이 없었다면 사람이나 동물이 지구에 살지 못했을 수도 있겠네요?"

"그렇지. 물론 지금은 화산이 폭발하면 많은 생물에게 피해를 주지만 원시 지구에서는 오히려 생명체가 탄생하는 데 도움을 주었단다. 내가 알려 줄 것은 여기까지야. 이제 다음 체험관으로 이동해서 더 재미있는 내용을 알아보렴."

베게너 박사는 눈을 찡긋하며 사라졌어요.

정말 재미있는 시간이었어!

베게너 박사님이 벌써 보고 싶네.

다음 체험관으로 가자.

백두산의 화산 활동

우리나라가 있는 한반도는 지각이 안정적이라 화산 지형이 매우 적고, 현재 활동 중인 화산이 없어요. 우리나라의 화산 활동은 신생대 제4기에 활발했지요. 이때 만들어진 화산 지형이 백두산과 백두산 주변의 용암 대지, 철원과 평강 용암 대지, 신계와 곡산 용암 대지, 제주도, 울릉도 등이에요.

백두산은 한반도에서 가장 높은 산이에요. 높이가 약 2,750m인데, 1,800m까지는 경사가 완만한 순상 화산의 형태이고, 1,800~2,750m인 정상 쪽은 경사가 급한 종상 화산의 형태이지요.

백두산에는 하얀색의 부석이 쌓여 있어요. 부석은 화산이 폭발할 때 용암이 갑자기 식어서 생긴 돌이에요. 백두산은 이 부석 때문에 윗부분이 하얗게 보여 마치 흰머리와 같다는 뜻으로 백두산이라고 부르게 되었어요.

백두산 꼭대기에는 '천지'라는 커다란 호수가 있어요. 천지는 거대한 '칼

우아, 호수가 참 맑다!

천지는 최대 깊이가 384m로, 세계에서 가장 깊은 화산 호수이다.

데라 호'예요. 칼데라는 강한 폭발로 화산의 분화구 주변이 무너져서 생긴 큰 구덩이를 말해요. 칼데라에 물이 고여 생긴 호수를 '칼데라 호'라고 하지요.

백두산에서는 약 1,000년 전에 큰 폭발이 있었는데, 이때 나온 화산재와 화산 가스가 약 1,000km 떨어진 일본 동북부까지 퍼졌다고 해요. 그 뒤에도 백두산은 몇 번 폭발했고, 가장 근래에는 1702년, 1903년에 폭발했어요.

1903년 이후 백두산은 화산 활동이 약화되어 휴지기 상태인데, 최근에 화산 활동이 점점 활발해지고 있어요. 2002년부터 백두산 지역에서 강도가 약한 지진이 매달 10~15차례 일어나고 있으며, 백두산 천지 아래에는 서울 면적의 2배가 넘는 마그마 지대가 있는 것이 발견되었어요.

칼데라 호가 만들어지는 과정

① 마그마가 분출해 화산이 만들어진다.

② 화산 꼭대기가 무너져 칼데라가 생긴다.

③ 칼데라에 물이 고여 칼데라 호가 만들어진다.

Q | 지구 내부는 무엇으로 이루어졌을까?

A | 지구 내부는 지각, 맨틀, 외핵, 내핵으로 이루어져 있다. 지각은 지구의 가장 바깥쪽에 위치한 단단한 암석층이다. 지각 아래에서부터 깊이 약 2,900km까지는 맨틀이 있는데, 지구 전체 부피의 약 80%를 차지한다. 맨틀은 고체 상태이지만 높은 온도와 압력 때문에 유동성이 있어서 서서히 대류 운동을 한다. 외핵은 지하 약 2,900~5,100km까지의 층으로, 액체 상태이다. 내핵은 지구의 가장 중심부에 있는 층으로, 고체 상태이다. 내핵은 지구 내부 구조 중에서 온도와 압력이 가장 높다.

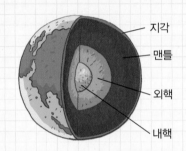

지각
맨틀
외핵
내핵

4학년 1학기 과학 3. 화산과 지진

Q | 지진파가 무엇일까?

A | 지진파는 지진이 발생한 지점인 진원에서 사방으로 퍼지는 충격파이다. 진원에서 퍼지는 P파, S파가 있고, 진원 바로 위에 있는 지점에서 지표면을 따라 전해지는 표면파가 있다. P파는 고체, 액체, 기체를 모두 통과할 수 있고, S파는 고체 상태의 물질만 통과할 수 있다. 그래서 P파는 지각, 맨틀, 외핵, 내핵 모두 통과할 수 있지만, S파는 외핵을 통과할 수 없다. P파의 속도는 초속 7~8km로, 초속 3~4km인 S파보다 빠르다.

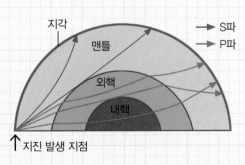

지각
맨틀
외핵
내핵
→ S파
→ P파
↑ 지진 발생 지점

Q | 해령에서는 어떤 활동이 일어날까?

A | 해령은 깊은 바다 밑에 좁고 긴 산맥 모양으로 솟은 지형이다. 맨틀은 유동성이 있어서 대류 현상이 일어나면서 상승하거나 하강한다. 이때 맨틀이 상승하는 곳에서 해령이 형성된다. 해령에서는 뜨거운 마그마가 맨틀에서부터 올라와 분출하며 새로운 해양 지각이 만들어진다. 해령의 중심에서 해양 지각이 만들어져서 양쪽으로 이동하며 점차 멀어져 바다 밑이 확장된다. 이렇게 해령에서 새로운 해양 지각이 계속 만들어져 이동해서 해저가 확장된다는 것이 해저 확장설이다.

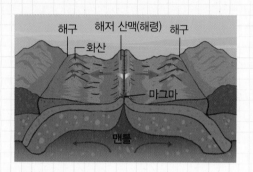

Q | 마그마와 용암은 무엇이 다를까?

A | 마그마는 땅속 깊은 곳에서 암석이 높은 열에 녹은 물질이고, 용암은 마그마가 화산 폭발로 분출되어 땅 밖으로 나와 흘러 내리는 것이다. 마그마와 용암의 같은 점은 둘 다 액체 상태라는 것이고, 다른 점은 마그마는 땅속에, 용암은 땅 밖에 있으며, 마그마가 용암보다 온도가 훨씬 더 높다는 것이다. 또 마그마는 굳으면 화강암이 되고, 용암은 굳으면 현무암이 된다.

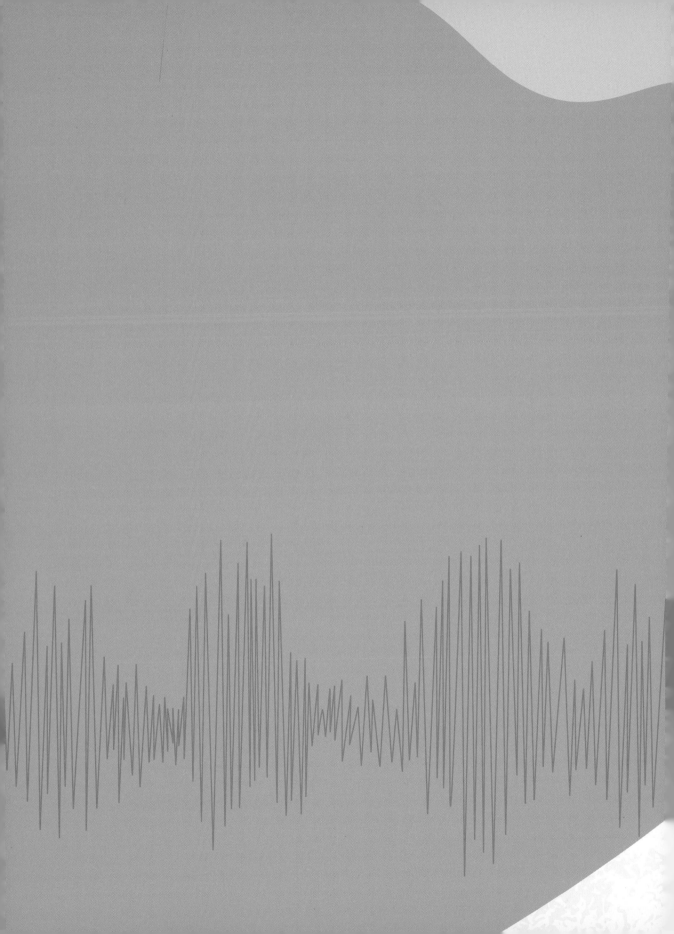

2장

관측하고
대비하는
기술관

훔볼트 박사를 만나다

"지구 중심까지 내려가 보다니 정말 짜릿한 모험이었어."

"**정말 재미있었어.** 지구에 대해 몰랐던 사실을 많이 알게 되어서 좋았어."

"난 대륙이 움직인다는 사실이 정말 **놀라웠어!** 또 화산에 대한 설명도 재미있었고."

아이들이 신이 나서 이야기를 하며 걷다 보니 '관측하고 대비하는 기술관'이 나타났어요. 안내문에는 땅의 움직임을 관측하는 방법을 알려 주는 곳이라고 쓰여 있었어요.

아이들이 기술관 안으로 들어가자 갑자기 바닥이 《흔들흔들》하더니 쫙쫙 갈라지기 시작했어요.

"무슨 일이지? 왜 땅이 흔들리는 거야?"

백두가 겁에 질려 주저앉았어요.

그때 어디선가 인공 지능 로봇이 나타났어요.

"😊😊, 놀라지 마. 환영 인사가 좀 거창했나? 난 이 기술관을 안내할 알렉산더 폰 훔볼트 박사란다."

"안녕하세요, 박사님?"

"친구들, 반가워! 난 독일의 자연 과학자이자 지리학자야. 중남미와 중앙 아시아를 직접 가 보고 화산과 지진에 대해 연구했지."

"그럼 화산과 지진에 대해 잘 아시겠네요. 저희에게도 알려 주세요."

"좋아. 지금부터 땅의 움직임을 **관측하고 예측하는** 방법을 알려 줄게. 나를 따라와."

어서 오렴.
나는 훔볼트
박사라고 해.
내 말을 듣고 있니?

관측하고 대비하는
기술관

위~잉

지진의 충격을 전달하는 지진파

아이들은 훔볼트 박사를 따라 첫 번째 방으로 들어갔어요. 방 안에는 거대한 메기가 바위에 깔려 있는 그림이 있었어요.

"왜 메기 그림이 있지? 박사님, 메기가 화산, 지진과 관계가 있나요?"

"일본에서는 땅속에 사는 성질이 사나운 거대한 메기가 움직일 때마다 지진이 일어난다고 생각했어. 그래서 이런 그림을 그렸지."

"킥킥, 메기가 어떻게 지진을 일으킨다는 거야? 정말 우습다."

"옛날 사람들은 지진이 왜 일어나는

일본 사람들은 신이 땅속의 거대한 메기 위에 큰 돌을 올려놓았는데, 메기가 가끔씩 빠져나와 날뛰어 지진이 일어난다고 생각했다.

지 몰랐어. 그래서 지진이 일어나는 이유를 저마다 다르게 생각했지. 인도 사람들은 8마리의 코끼리가 지구를 받치고 있다가 한 마리가 힘이 빠지면 땅이 기울어져 지진이 일어난다고 생각했어. 또 북아메리카 원주민들은 커다란 거북이 등에 지구를 떠받치고 있다가 발을 구를 때 지진이 일어난다고 생각했단다."

"하하, 동물 때문에 지진이 일어난다고 생각하다니 재미있네요. 박사님, 지진은 왜 일어나는 거예요?"

훔볼트 박사는 나무젓가락을 백두에게 주며 말했어요.

"이 나무젓가락을 한번 구부려 볼래?"

백두가 나무젓가락에 힘을 주자 나무젓가락이 점점 휘어지더니 **뚝** 하고 부러졌어요.

"지진은 나무젓가락이 부러지는 것과 비슷해. 나무젓가락에 힘을 주면 어느 정도까지는 휘어지다가 더 힘을 주면 결국 부러지지? 이처럼 땅속의 암석층에 힘이 가해지면 처음에는 변형이 생기다가 오랜 세월 동안 계속해서 힘이 가해지면 어느 순간 암석층이 **깨지게** 돼. 이때 생긴 진동이 사방으로 퍼져 나가 땅이 흔들리는 거지. 이것이 바로 지진이야."

"땅속 암석층에 왜 힘이 가해지는 거예요?"

"판 구조론을 배울 때 판이 움직인다고 했지? 판들이 움직이면서 서로 부딪치고 밀어 낼 때 땅속 암석층에 힘이 가해지는 거야."

"지진이 일어나는 또 다른 이유도 있나요?"

"화산이 폭발할 때나 지하에서 핵 실험을 할 때도 지진이 일어난단다."

"여러 가지 이유로 지진이 일어나는군요."

잠깐의 지진으로 집이 폭삭 무너지다니, 지진은 정말 무서워!

지진은 보통 30초에서 2분 정도 일어나는데, 짧은 시간에 아주 큰 피해를 준다.

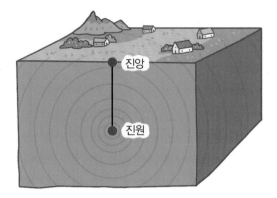

진원의 깊이가 깊은 곳보다 얕은 곳에서 일어난 지진이 훨씬 큰 피해를 준다.

"지진에 대한 뉴스가 나올 때 진원이라는 말을 하는 걸 들어 본 적 있니?"

"네. 지진이 시작된 곳이죠?"

"맞아. 진원은 땅속에서 처음으로 지진이 일어난 곳을 말해. 그리고 진원에서 수직으로 위로 올라가 지표면과 만나는 지점을 '진앙'이라고 하지. 진원은 깊이가 아주 깊을 수도 있고 얕을 수도 있어. 진원의 깊이가 70km가 되지 않는 지진을 '천발 지진'이라고 하고, 300km가 넘는 지진을 '심발 지진'이라고 해."

"지진이 그렇게 깊은 곳에서 일어난다고요? 그런데 어떻게 땅 위에 있는 우리에게 전달되는 거예요?"

"지진이 일어나면 그 충격으로 지진파라고 하는 진동이 발생해 사방으로 퍼져 나가서 땅 위까지 전달되기 때문이야."

"지진파가 땅속을 통과해 먼 곳까지 전해진다는 거예요?"

"그렇지. 지진파에는 지각 내부를 통과해 가는 '실체파'와 지표면을 따라 퍼져 나가는 '표면파'가 있어. 실체파에는 P파와 S파가 있지. P파는 '먼저 도착한 파동(Primary wave)'이라는 뜻이고, S파는 '두 번째 도착한 파동(Secondary wave)'이라는 뜻이야. P파와 S파는 동시에 생기지만 이동하는 속도가 달라. P파는 속도가 빨라서 지표면에 먼저 도착하고, S파는 P파보다 느려서 나중에 도착하지. 표면파는 속도가 가장 느린데, 표면에서 전달되기 때문에 가장 큰 피해를 준단다."

P파는 진행 방향과 땅이 흔들리는 방향이 같아서 피해를 적게 준다. 반면에 S파는 진행 방향과 땅이 흔들리는 방향이 서로 수직이어서 큰 피해를 준다.

"지진파에 대해서는 아까 지구를 탐구하는 탐험관에서 조금 배웠어요."

미진이가 조금 전 기억을 떠올리며 말했어요.

"잘 기억하는군. P파와 S파는 지구 내부를 통과해 지나갈 수 있기 때문에 지구 내부를 연구하는 데 사용해. P파는 고체, 액체, 기체를 모두 통과하지만, S파는 고체만 통과하지. 또 물질에 따라 전달 속도도 달라. 이런 성질을 이용해서 지구 내부가 어떤 물질로 되어 있는지를 알아냈단다."

"**무서운 지진**이 도움이 될 때도 있네요."

"그렇지. 하지만 지진은 사람들에게 너무나 많은 피해를 줘. 그래서 과학자들이 지진이 언제 일어날지 정확히 예측하려고 연구하는 거란다."

화산 폭발과 지진 예측이 가능할까?

"지진은 정말 무서워요. 일기 예보로 날씨를 미리 알 수 있듯이 지진이 언제 일어날지 알 수 있으면 좋을 텐데……"

"야, 과학자들이 점쟁이니? 어떻게 지진이 일어날 것을 미리 알겠어?"

미진이의 말에 백두가 **톡** 쏘아붙였어요.

"아니야, 지진을 예측하기 위해 동물을 이용했다는 이야기를 들은 적이 있는 것 같아."

"미진이 말이 맞아. 지진이 자주 일어나는 일본에서는 메기의 움직임을 관찰해 지진 발생을 예측하는 연구를 하기도 했어. **안타깝게도** 실패했지만 말이야. 그런데 중국에서는 실제로 동물의 행동을 보고 지진이 일어날 것을 예측한 적이 있단다."

"정말요?"

"1969년 7월 18일에 중국 톈진 시의 한 동물원에서 동물들이 평소와 다른 행동을 했어. 곰들이 소리를 지르고, 백조들이 물 가까이에 가지 않으려고 했지. 동물원 관리인이 이 모습을 보고 이상하게 생각해서 지진 예측 기관에 이 사실을 보고했단다."

"그래서 진짜로 지진이 일어났나요?"

"정말로 그날 지진이 일어났고, 동물들 덕분에 피해를 줄일 수 있었지."

"와, 그럼 동물의 행동을 관찰해서 지진을 예측하면 되겠네요."

"동물이 매번 그런 반응을 보이는 것은 아니야. 그리고 지진이 일어나지 않을 때도 동물들은 이상한 행동을 종종 하기 때문에 동물의 행동만 보고 지진을 예측하기는 어려워."

"에구, 안타깝네요. 그럼 지진을 예측할 방법은 없나요?"

"그래, 아직까지는 지진 발생을 정확하게 예측할 수 없어. 하지만 과학자들은 지진 연구를 통해 지진이 판의 경계에서 많이 일어난다는 것을 알아냈어. 또 이전에 일어난 지진의 발생 시기 등을 고려해서 지진이 언제쯤 일어날지 확률적으로 예측하기도 한단다."

"화산 폭발도 예측이 가능한가요?"

"화산도 언제 **폭발할지** 정확히 알 수 없어. 하지만 화산 지역에서 일어나는 조짐을 보면 어느 정도 예측이 가능해. 화산이 폭발하기 전에는 주변에서 작은 지진이 일어나고 땅이 변형되며, 화산 주변에서 발생하는 가스양이 늘어나지. 화산 학자들은 이런 변화를 꾸준히 관찰해서 화산 폭발을 예측한단다."

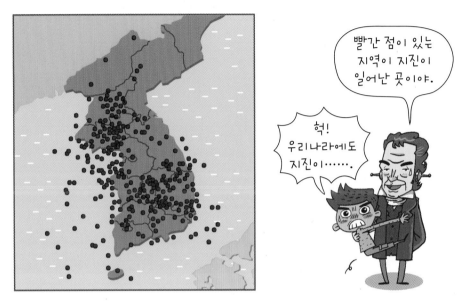

우리나라에서도 해마다 20~40번 정도의 작은 지진이 일어난다.

"박사님, 우리나라는 지진이 거의 일어나지 않는 걸 보니 판의 경계 부분이 아닌가 봐요."

"오, **똑똑한 친구군.** 맞아. 너희 나라는 판의 경계에 있지 않아. 하지만 너희 나라에서도 해마다 작은 지진이 일어난단다. 단지 지진 규모가 작아서 사람들이 느끼지 못할 뿐이지. 하지만 지진에서 아주 안전하다고는 할 수 없어."

"헉, 왜요?"

"판의 경계가 아닌 지역에서도 드물게 지진이 일어나기 때문이지. 여기서 드물다는 것은 사람이 느낄 수 있는 정도의 지진이 드물다는 거야. 사실 지진은 비가 오는 것처럼 자주 일어나거든."

"에이, 괜히 저희를 겁주려고 그러시는 거죠?"

"아니야. 아주 작은 지진은 사람들이 느끼지 못하지만 지진계에는 기록돼. 규모가 작은 지진은 매우 자주 일어나. 그리고 지구 전체로 보면 규모 6.0 이상의 큰 지진도 2, 3일에 한 번씩 일어나지. 다행히 지진이 도시에서 일어나지 않아서 피해를 입지 않을 뿐이야."

"지진의 피해를 줄일 방법은 없나요?"

"과학자들은 지진이 일어나면 조금이라도 빨리 사람들에게 알리려고 연구하고 있어. 단지 몇 초라도 빨리 알려 주면 피해를 조금이나마 줄일 수 있거든. 그래서 과학자들은 P파가 S파보다 먼저 도달하는 것을 이용해서 조금이라도 빨리 경보를 울리려고 해. 그런데 경보를 빨리 울리는 것도 중요하지만 지진 대피 훈련을 통해 신속하게 대피하는 연습을 하는 것도 중요해. 그래야 짧은 시간에 안전한 곳으로 피할 수 있거든."

"정말 그렇겠네요."

간이 수평 지진계 만들기

지진이 났을 때 지진파를 기록해 지진의 세기와 방향을 측정하는 장치를 '지진계'라고 해요. 지진계에는 수평으로 발생하는 진동을 기록하는 수평 지진계와 수직으로 발생하는 진동을 기록하는 수직 지진계가 있지요.

지진의 진동을 기록하려면 땅이 흔들릴 때도 지진의 영향을 받지 않고 정지해 있는 물체가 필요해요. 그래서 원래의 운동 상태를 유지하려는 성질인 관성을 이용해 지진계를 만들지요.

단순한 형태의 지진계는 펜이 달린 무거운 추를 공중에 매달아 놓고 펜 끝이 닿는 부분에 땅의 진동을 기록할 종이를 두어요. 지진이 일어나면 지진계의 추는 땅이 흔들려도 관성 때문에 움직이지 않고, 땅과 연결된 종이 기록 장치만 움직여서 추에 달린 펜이 진동을 기록하지요.

간이 수평 지진계를 만들어 실험하면서 지진계의 원리를 알아보아요.

준비물

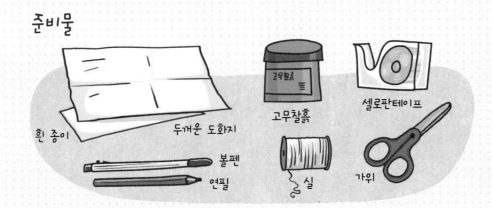

흰 종이 두꺼운 도화지 고무찰흙 셀로판테이프

볼펜 연필 실 가위

만드는 방법

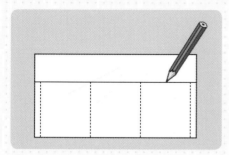

① 두꺼운 도화지에 지진계 틀 모양을 그리고 오린다.

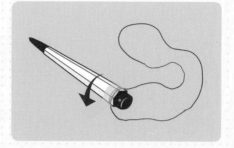

② 볼펜에 실을 묶고 셀로판테이프를 붙인다.

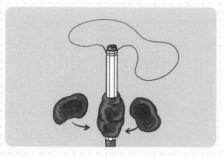

③ 고무찰흙을 볼펜에 붙여 무거운 추를 만든다.

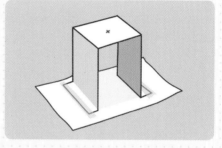

④ 두꺼운 도화지를 접은 뒤 천장이 될 부분에 십자로 틈을 내고, 바닥에 셀로판테이프로 붙여 지진계 틀을 만든다.

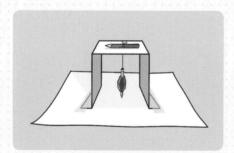

⑤ 볼펜에 달린 실을 지진계 틀의 천장 틈으로 빼낸 뒤 연필에 묶어 추를 매단다. 이때 볼펜 끝이 바닥에 닿도록 한다.

⑥ 지진계 틀 안에 흰 종이를 놓은 다음, 지진계를 수평으로 조금씩 흔들며 흰 종이를 천천히 당겨 어떻게 되는지 살펴본다.

어떻게 지진에 견딜 수 있을까?

아이들이 훔볼트 박사와 헤어져 다른 방으로 들어가자 옛날 중국 사람처럼 보이는 홀로그램이 있었어요.

"여러분, 안녕? 나는 중국의 과학자 장형이라고 해. 132년경에 세계 최초의 지진계인 지동의를 만들었지. 내가 만든 지동의를 보여 줄게."

장형이 팔을 펼치자 지동의와 마을 영상이 나타났어요. 지동의는 항아리 같은 **커다란** 통 표면에 용 조각이 8개 붙어 있고, 아래쪽에는 입을 벌린 두꺼비 조각품이 8개 놓여 있었어요.

"와, 지진계가 예술 작품 같아요. 이걸로 어떻게 지진을 알 수 있죠?"

"지진이 일어나면 용의 입에서 청동 구슬이 **떨어져** 두꺼비 입으로 들어가는데 이것을 보고 지진이 어느 방향에서 일어났는지 알 수 있단다."

주변을 둘러보던 백두가 물었어요.

"장형 할아버지, 여긴 어디예요?"

지동의로 지진의 발생 유무와 지진 발생 시각, 진원의 방향 등을 알 수 있어.

예술 작품 같아요.

"이곳은 1976년 7월 28일 중국의 탕산이라는 곳이야. 잠시 후 여기에 큰 비극이 일어날 거야."

장형의 말이 끝나자마자 **요란한 소리**가 나더니 집과 건물이 와르르 무너졌어요. 물론 홀로그램으로 만든 영상이라서 위험하지는 않았지요.

"와, 너무 놀라서 다리가 **덜덜** 떨려요."

"그렇지? 이 탕산 지진으로 약 24만 명의 사람들이 죽었단다."

"정말 많은 사람이 죽었네요. 끔찍해요."

아이들 주변이 잠시 어두워졌다가 곧 다른 도시의 모습이 나타났어요.

"이곳은 1995년 일본의 고베 시야. 곧 대지진이 일어날 거야."

잠시 후 땅이 흔들리더니 집과 건물이 **무너졌어요.**

"1995년 일본 고베 시에 탕산 대지진과 세기가 비슷한 지진이 일어났어. 이 지진으로 6,300명 정도의 사람이 죽었지."

1976년에 중국의 공업 도시인 탕산에 규모 7.5의 지진이 일어나 7,200가구가 완전히 파괴되었다.

"지진 세기가 비슷한데 탕산에서 사람이 훨씬 많이 죽었네요."

"그래. 탕산의 피해가 **훨씬** 컸던 이유는 집과 건물이 대부분 벽돌로 지어져서 지진에 쉽게 무너졌기 때문이야. 하지만 고베 시는 건물을 지진에 견딜 수 있게 지어서 탕산보다는 인명 피해가 적었단다."

"고베 시의 건물들은 내진 설계로 지은 거지요?"

한라가 **우쭐대며** 말했어요.

"우아! 한라, 너 대단하다. 여기 온다고 공부 좀 했나 봐."

백두가 입을 **쩍** 벌리며 말했어요.

"한라 말이 맞아. 고베 시에서도 내진 설계로 지은 건물들은 피해가 적었지만 내진 설계로 짓지 않은 전통 가옥들은 피해가 컸단다."

"내진 설계로 짓는다는 것은 건물을 어떻게 짓는 거예요?"

"그것도 모르니? 건물이 지진에 견딜 수 있을 만큼 튼튼하게 짓는 거야."

미진이의 질문에 한라가 아는 척하며 말했어요.

헉, 벽돌집이라 쉽게 무너지네!

내진 설계로 지어 튼튼해.

"그래, 내진 설계는 지진의 **충격**에 견딜 수 있도록 건물의 기초를 설계하는 방식을 말해. 굵은 철근을 넣어 벽과 바닥을 두껍게 만들어서 충격에 버틸 수 있게 건물을 짓도록 하는 것이지."

"지진에 견딜 수 있는 건물을 짓는 방법이 또 있나요?"

"건물과 땅 사이에 적층 고무 같은 특수한 물질을 넣어서 짓는 방법도 있어. 이런 설계 방법을 '면진 설계'라고 하는데, 고무가 땅의 진동을 흡수해서 땅이 심하게 흔들려도 건물이 크게 흔들리지 않지."

"고무가 정말 유용하게 쓰이네요."

"또 다른 방법도 있어. 지진파를 감지하여 건물의 흔들림과 반대 방향으로 진동을 발생시키는 감쇠 장치를 넣어서 건물을 짓는 거야. 이렇게 짓는 것을 '제진 설계'라고 해."

"지진에 대비해 건물을 지으면 지진이 일어나도 조금은 안심할 수 있을 거 같아요."

지진 해일을 관측하라

아이들은 지진의 피해에 대해 체험한 후 방을 나와 터널로 이동했어요. 그런데 멀리서 **철썩철썩** 파도 소리가 들려왔어요.

"어, 웬 파도 소리지?"

백두가 소리 나는 쪽으로 뛰어가자 미진이와 한라도 뒤따라갔어요. 그런데 신기하게도 동굴 입구를 지나자 넓은 바다가 펼쳐졌어요. 물론 홀로그램 영상이기 때문에 바닷물에 들어가도 몸이 젖지는 않았지요. 잠시 뒤 바다에서 수레를 탄 사나이가 나타나 우렁찬 목소리로 말했어요.

"친구들, 안녕? 난 **바다의 신 포세이돈**이야."

"안녕하세요? 포세이돈 님."

"바다의 신이 지진과 무슨 관계가 있어서 여기에 나타난 거지?"

한라가 작은 소리로 중얼거렸어요.

"내가 지배하는 바다에서도 지진이 일어나기 때문이야. 바다 밑에서 일어난 지진으로 생기는 피해를 너희들에게 알려 주려고 왔단다."

"바다 밑에서도 지진이 일어난다고요?"

바다에서도 지진이 일어난단다.

우아, 바다의 신 포세이돈이다.

바다에서도 지진이?

지진 해일이 밀려와 일본의 해안가 마을이 물에 잠겼다.

"그렇고말고. 2004년에 인도네시아의 수마트라 섬 부근 바다 밑에서 일
어난 지진 때문에 지진 해일이 일어나 엄청난 피해를 주었단다."

"지진 해일이 뭐예요?"

"지진 해일은 바다 밑에서 지진이나 화산 폭발 같은 지각 변동이 일어나
생기는 엄청나게 높은 파도를 말해. 쓰나미라고도 하지. 쓰나미는 일본 말
로 '항구의 파도'라는 뜻이야. 일본은 옛날부터 지진과 해일이 많이 발생했
는데, 선착장으로 몰려오는 파도를 쓰나미라고 불렀어."

"지진 해일도 파도인데, 파도가 어떻게 큰 피해를 주는 거예요?"

"지진 해일은 일반 파도보다 훨씬 높아서 파괴력이 엄청나. 순식간에 파
도 안의 물질을 바다로 휩쓸어 가기 때문에 큰 피해를 주지. 2004년 인도
네시아 지진 때도 지진 해일로 인해 해안가 지역이 무려 3km나 물에 잠기
고, 20만 명 이상의 사람이 죽거나 실종되었어."

② 먼바다에서는 파도가 아주 낮지만 시속 800km로 빠르게 이동한다.

③ 파도가 점점 높아진다.

④ 파도 높이가 최고로 높아져 해안가를 덮친다.

지진 해일이 이렇게 발생하는구나!

① 지진이 일어나 지진파가 바닷물을 밀어 올리면서 파도가 생긴다.

"맙소사. 피해가 정말 컸네요."

"인도네시아의 지진 해일로 큰 피해를 입은 까닭은 지진 해일의 독특한 특징 때문이기도 해. 지진 해일이 해안가를 덮치기 직전에는 바닷물이 썰물처럼 빠져나가는 경우가 많아. 인도네시아에서도 바닷물이 빠지자 사람들이 신기해하며 깊은 바다 쪽으로 들어가서 더 큰 피해를 입은 거야."

아이들은 **안타까운 표정**을 지었어요.

"2011년에 일본에서도 지진 해일로 큰 피해를 입었단다."

"후쿠시마 원자력 발전소 사고가 났던 때를 말하는 건가요?"

"맞아. 2011년 3월 11일에 일본에서 가까운 태평양 앞바다에서 리히터 규모 9에 해당하는 대지진이 일어났어. 이 지진으로 생긴 해일이 후쿠시마 현 해안가로 들이닥쳐 원자력 발전소가 물에 잠겼지. 그로 인해 방사성 물질이 누출돼 주변 지역이 방사능에 오염되어 사람이 살 수 없게 되었단다."

"정말 큰 피해를 입었네요. 그런데 지진 해일은 해안가뿐만 아니라 바다에서도 피해를 주나요?"

"그렇지 않아. 지진 해일은 먼바다에서는 다른 물결과 구분되지 않을 정도로 약해. 그래서 배 밑을 통과할 때도 별 느낌을 주지 않지. 하지만 해안가로 다가오면서 파도가 중첩돼 높이가 엄청 높아져 피해를 주는 거란다."

한라가 포세이돈의 설명을 가만히 듣고 있다가 물었어요.

"영화에서는 지진 해일 높이가 아주 높지 않던데요?"

"해일은 파도 높이가 1m 이하라도 큰 피해를 줘. 또 해일은 높이가 조금만 높아져도 위력이 훨씬 세져서 바닷가 인근의 자동차나 사람, 건물을 순식간에 삼켜 버리지."

"영화 속 장면이 과장이 아니군요."

"그렇지. 그래서 바닷가에 있을 때 언제든 지진 해일 경보가 울리면 재빨리 높은 곳으로 피해야 해."

일본 후쿠시마 제1 원자력 발전소에서 폭발이 일어나 연기가 나고 있다.

원자력 발전소 주변에 해일에 대비해 벽을 세웠지만, 지진 해일이 강력해서 바닷물이 그 벽을 넘어 들어갔어.

"경보를 울리려면 바닷속에서 지진이 일어나는지 항상 살펴봐야겠네요."

"그래. 하지만 **바닷속에서 일어나는** 모든 지진이 지진 해일을 일으키는 건 아니야. 그래서 지진을 관측하는 것만으로 지진 해일 발생 여부를 정확하게 예측하는 것은 어려워."

"그럼 어떻게 지진 해일을 **예측하나요?**"

"지진 해일을 관측하기 위해 항상 바다를 살피는 해안 관측소를 만들어. 해안 관측소에서는 해수면의 높낮이를 측정하는 검조기에 기록된 자료를 인공위성을 통해 정보 센터로 보내 줘. 지진 해일을 일으킬 수 있는 상황이 감지되면 10분 이내에 경보를 울려서 사람들을 대피시키지."

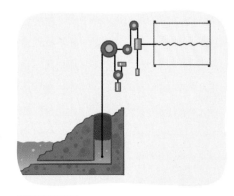
평상시 검조기

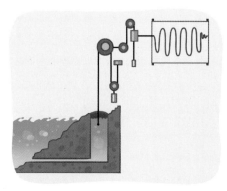
지진 해일 시 검조기

"그런 방법이 있다니 다행이에요."

미진이가 마음을 놓으며 **한숨**을 내쉬었어요.

"그런데 검조기는 해안에 설치되기 때문에 깊은 바닷속에서 발생하는 지진 해일을 관측하기는 어려워. 그래서 좀 더 정교하게 지진 해일 발생 여부를 알 수 있게 DART 장비를 이용한 최첨단 경보 시스템을 만들었지."

"DART요? 다트 놀이랑 발음이 비슷하네요."

"그래. 깊은 바다에 수압 탐지기를 설치해서 지진이 일어나면 즉시 수압 증가를 탐지해 내. 수압 증가는 지진 해일이 발생했다는 표시거든. 탐지된 자료는 통신 장치인 DART 부표에 전달되고, 부표는 이 정보를 인공위성을 통해 경보 센터로 전달해. 그러면 지진 해일이 해안에 도착하기 전에 경보를 울려서 사람들을 대피시키지."

"와, 이 장비만 있으면 지진 해일에 대해 걱정하지 않아도 되겠네요."

"그래, 하지만 안전을 위해서는 항상 주의해야 해. 지진에 대해서 잘 알아 두고, 경보가 울리면 안내 방송에 따라서 빨리 대피해야 한단다."

"네! 이번 기회에 저희도 많은 것을 알았어요."

아이들은 포세이돈과 인사하고 '관측하고 대비하는 기술관'을 나왔어요.

화산 폭발과 지진 발생 시 대피 요령

화산 폭발과 지진은 사람의 힘으로 막을 수는 없지만 잘 알고 대처하면 피해를 줄일 수 있다.

✿ 화산이 폭발했을 때

화산이 폭발하면 유독 가스가 발생하기 때문에 마스크와 손수건 등으로 코와 입을 막는다.

가급적 실내에 머무르면서 안내 방송을 듣고 상황을 파악한다.

문과 창문을 닫고 테이프나 젖은 수건으로 문틈과 창문 틈새를 막는다.

실외에 있을 때는 안전한 대피소로 신속하게 대피한다.

유독 가스는 무거워서 밑으로 퍼지므로 높은 곳으로 대피한다.

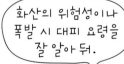

화산의 위험성이나 폭발 시 대피 요령을 잘 알아 둬.

☃ 지진이 일어났을 때

실외에 있을 때는 깨지거나 쓰러질 염려가 있는 유리창, 간판, 나무, 가로등과 멀리 떨어진다.

액자, 선반 등의 물건이 떨어질 위험이 있는 곳은 피하고, 책상이나 탁자 밑으로 들어가 몸을 웅크린다.

지진으로 가스가 새어 나오면 폭발하거나 불이 날 수 있으므로 가스 밸브를 잠근다.

고층 건물에서 대피할 때는 전기가 끊길 수 있으니 엘리베이터를 피하고 계단을 이용한다.

지하철에서는 고정된 손잡이나 봉 등을 꼭 잡고 안내 방송에 따라 행동한다.

산에서는 산사태가 나거나 절벽이 무너질 수 있으므로 경사가 가파른 곳에서 멀리 떨어진다.

4학년 1학기 과학 3. 화산과 지진

 지진계의 원리는 무엇일까?

지진계는 지진의 진동을 기록하는 장치이다. 지진계는 지진이 일어났을 때도 지진의 영향을 받지 않고 정지해 있는 물체를 이용하여 지진을 기록한다. 무거운 추를 매달고 있는 실을 좌우로 흔들어도 추는 관성 때문에 움직이지 않는다. 관성은 현재의 운동 상태를 유지하려는 성질로, 추에 직접적으로 힘을 가하지 않으면 추는 원래 상태대로 멈춰 있으려고 한다. 지진계는 이런 관성을 이용하여 지진의 진동을 기록한다.

 장형이 만든 지진계는 어떤 역할을 했을까?

 132년경 중국의 과학자인 장형이 세계 최초의 지진계인 지동의를 발명했다. 지동의는 현대에 사용하는 지진계와는 달리 지진의 발생 유무와 진원의 방향 등을 알기 위한 기구였다. 당시에 만들어진 지동의는 현재 남아 있지 않지만 학자들이 자료를 바탕으로 복원해 냈다. 속이 빈 둥근 통 안에 막대기가 세워져 있고, 통의 표면에는 용 모양 장식이 여러 개있었다. 지진이 일어나면 통 안의 막대기가 넘어지면서 그 방향에 있는 용의 입에서 청동 구슬이 떨어져 지진이 발생한 방향을 추측할 수 있었다.

지진에 견딜 수 있는 건물은 어떻게 지을까?

 지진이 일어났을 때 피해를 줄이려면 지진에 잘 견디는 건물을 지어야 한다. 지진에 강한 건물을 짓는 방법에는 여러 가지가 있다. 첫째, 건물을 지을 때 굵은 철근을 넣어 벽과 바닥을 두껍게 만들어서 튼튼하게 짓는 것이다. 둘째, 건물과 땅 사이에 진동을 흡수할 수 있는 면진 장치를 넣어 짓는 방법이다. 셋째, 건물의 내부나 외부에 진동을 흡수하는 장치를 설치하고, 센서를 달아 컴퓨터로 조정하여 진동을 감소시키는 방법이다.

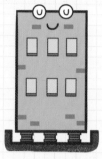
면진 구조

 지진 해일은 어떻게 대비할까?

 바다 밑에서 일어나는 지진이나 화산 폭발 같은 지각 변동으로 인해 바닷물이 크게 일어서 육지로 넘쳐 들어오는 것을 지진 해일이라고 한다. 바닷속에서 나타나는 지진과 화산 폭발이 모두 지진 해일을 일으키는 것은 아니어서 정확한 경보 시스템이 중요하다. 바닷가에 해수면의 변화를 측정하는 검조기를 설치하고 지진 해일이 관측되면 바로 경보를 울려 대피하도록 한다. 또한 깊은 바다의 수압을 측정해 지진 해일 발생 여부를 탐지해 경보하는 DART 시스템을 이용해 먼바다에서 발생하는 지진 해일도 관측하고 대비한다.

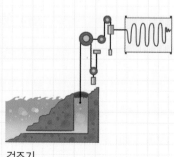
검조기

최첨단 지진 해일 경보 시스템

3장

숫자로 보는
수학관

리히터 박사를 만나다

훔볼트 박사와 과학자 장형, 포세이돈 덕분에 아이들은 '관측하고 대비하는 기술관'에서 많은 것을 배울 수 있었어요.

"화산과 지진에 대해 배우고 나니까 땅이 마치 살아 있는 것 같아."

"정말 그래. 화산 폭발과 지진이 우리와는 상관없는 일이라고 생각했는데 우리 주변에서도 일어날 수 있다는 게 놀라워!"

"내가 사는 곳에서 지진이 일어난다면 정말 끔찍할 거 같아."

백두는 지진을 상상하며 두려운 표정을 지었어요.

"혹시 모르니까 지진이 났을 때의 대피 요령도 잘 알아 두어야겠어."

아이들은 화산과 지진에 대해 신나게 이야기를 나누며 다음 체험관으로 갔어요.

"숫자로 보는 수학관이라고? 수학이랑 관련 있을 것 같은 불길한 예감이 드네. 난 이번에 수학 시험을 못 쳐서 수학 공포증이 생겼단 말이야."

음, 수학이라면 자신 있어!

수학이라니 머리에 지진이 날 거 같아.

백두가 인상을 쓰며 투덜대자 미진이가 말했어요.

"공부를 하지 않고 시험 치니까 못 보지. 그런데 수학이 화산, 지진과 무슨 관계가 있는 거지?"

아이들이 입구를 찾아 두리번거리는데 갑자기 새로운 인공 지능 로봇이 나타났어요.

"수학은 과학을 연구하는 데 가장 기본이 된단다. 당연히 화산과 지진을 연구하는 데에도 꼭 필요하지."

"어, 아저씨는 누구세요?"

"난 미국의 물리학자이자 지진학자인 찰스 리히터 박사야. 너희들을 '숫자로 보는 수학관'으로 안내할 테니 나를 따라오렴."

수학은 과학 연구의 기본이란다.

숫자로 보는 수학관

지진과 수학이라고?

돌돌 돌...

진폭에 따라 달라져

"지진이 일어나면 지진파가 사방으로 퍼져 나간다고 했지? 지진파는 지진 때문에 생기는 파동이야. 지진파를 이해하려면 우선 파동부터 알아야 해."

"파동이 뭐예요?"

"잔잔한 연못에 **돌을 던지면** 동그란 물결이 점점 퍼져 나가는 것을 본 적 있니? 이처럼 한곳에서 생긴 진동이 차츰 주위로 퍼져 나가는 것을 '파동'이라고 해. 소리도 파동이지."

동그란 물결이 점점 퍼져 나가네.

"소리가 파동이라고요?"

백두가 눈을 동그랗게 뜨며 물었어요.

"그래. 목소리를 예로 들어 볼까? 우리가 목소리를 낼 때 목에 있는 성대가 떨려. 《성대의 떨림》은 성대 주변의 공기를 진동시키고, 진동된 공기는 옆의 공기를 진동시키며 공기 속으로 계속 퍼져 나가지. 이 진동이 사람 귀에 있는 고막까지 전달되고 고막을 떨리게 해서 우리가 목소리를 들을 수 있는 거야."

"아, 물결이 퍼져 나가듯이 성대의 진동이 공기로 퍼져 나가서 소리를 파동이라고 하는 거군요!"

미진이가 고개를 끄덕이며 말했어요.

리히터 박사는 손을 들어 홀로그램 영상을 띄웠어요.

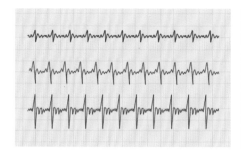

음파

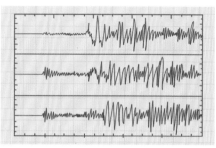

지진파

"음파와 지진파를 나타낸 그림을 봐. 모양이 비슷하지? 소리는 음파라고
도 하는데, 지진파도 소리처럼 파동의 성질을 갖고 있어. 그래서 소리가 벽
에 부딪치면 반사되는 것처럼 지진파도 지각에서 맨틀, 맨틀에서 핵으로 전
달될 때 반사되거나 꺾이지."

이때 어디선가 뿡 하는 소리가 들렸어요.

"야! 한라 너 방귀 뀌었지?"

미진이가 코를 막으며 크게 소리쳤어요.

"작게 뀌었는데, 들렸니? 그렇다고 창피하게 큰 소리로 말하면 어떡해?"

리히터 박사는 티격태격하는 아이들을 웃으며 바라보다가
질문했어요.

"작은 방귀 소리와 큰 고함 소리의
차이점이 무엇인지 아는 사람?"

"하나는 독하다는 거고, 하나는 사
납다는 거예요."

백두가 킥킥거리며 장난스럽게
대답했어요.

"하하, 재미있는 답이지만 정답이 아니야. 작은 소리와 큰 소리의 차이점은 진폭이 다르다는 거란다."

리히터 박사는 영상을 바꾸었어요.

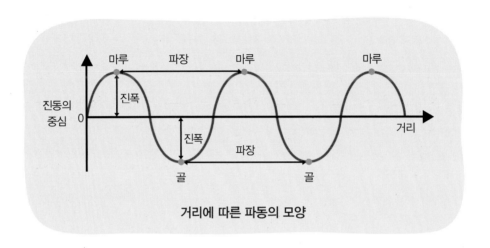

거리에 따른 파동의 모양

"이 물결선은 파동을 나타내. 파동의 가장 높은 곳을 '마루', 파동의 가장 낮은 곳을 '골'이라고 하지. 진폭은 진동의 중심에서 마루나 골까지의 거리를 말해. 진폭이 클수록 소리가 커지지. 즉 작은 소리는 진폭이 작고, 큰 소리는 진폭이 커. 지진도 진폭이 크면 세기가 커져."

"진폭이 커지면 지진의 세기는 얼마나 **커지는데요?**"

"파동의 에너지는 진폭의 제곱에 비례해. 지진파도 파동의 일종이니까 지진파의 에너지는 진폭의 제곱에 비례하지. 제곱은 같은 수를 두 번 곱한 수야. 따라서 진폭이 2배가 되면 지진파의 에너지는 2×2=4이니까 4배가 돼. 진폭이 10배라면 지진파의 에너지는 100배가 되고."

"박사님, 영화에서 지진이 일어날 때 땅이 막 솟아오르는 모습을 본 적이

있는데, 실제로도 그런가요?"

"영화에서는 관객의 흥미를 위해 땅이 높이 솟아오르는 모습을 보여 주지만 대부분의 지진에서는 그런 모습을 볼 수 없어. 그렇게 되려면 지진 파의 진폭이 엄청 커야 하거든. 하지만 대부분 지진파의 진폭은 수 마이크 로미터에서 수십 마이크로미터 정도밖에 되지 않아."

"마이크로미터요?"

"1마이크로미터(μm)는 100만분의 1m를 말해. 이것을 mm로 바꾸면 1,000분의 1mm이지. 얼마나 작은 단위인지 알겠지? 그래서 실제로 지진이 일어나도 지진파로 인해 땅이 움직이는 것을 보는 게 쉽지 않아. 물론 대지 진의 경우에는 진폭이 아주 커서 땅의 움직임을 볼 수 있기도 해."

$$1(\mu m) = \frac{1}{1,000,000}(m) = \frac{1}{1,000}(mm)$$

"지진이 일어나면 항상 땅의 움직임이 보인다고 생각했는데 아니군요."

지진의 세기 비교

"영화에서는 지진이 일어나 꽤 긴 시간 동안 땅이나 건물이 흔들리는 모습을 볼 수 있어. 하지만 실제로 **대지진**이 일어나더라도 흔들림은 단 몇 초 만에 사라져 버려."

"겨우 몇 초뿐이라고요? 그런데도 피해가 그렇게 큰 거예요?"

"그래서 지진이 **무서운 거야.** 지진의 세기가 크면 피해도 큰데, 지진은 순식간에 피해를 남기고 지나가 버려서 그 짧은 순간에 지진의 세기를 측정할 방법이 없어. 지진이 끝난 뒤에 남겨진 피해나 자료를 통해서 알아낼 수 있지."

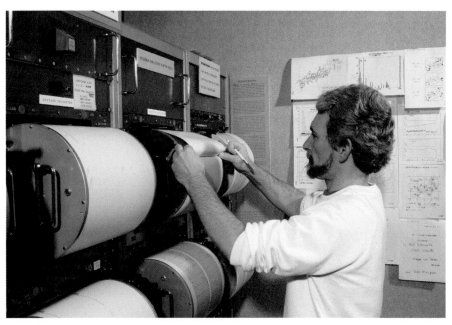

지진학자가 지진계에 기록된 내용을 보고 있다.

"그럼 피해가 제일 큰 지진이 가장 센 지진인가요?"

"꼭 그렇지는 않아. 1556년 1월 23일에 중국의 산시 성에서 인류 역사상 최악의 지진이 일어났어. 무려 80만 명 이상의 사람이 죽었지. 이 지진은 역사상 인명 피해가 가장 컸지만 가장 센 지진은 아니야. 역사상 가장 센 지진은 1960년에 칠레에서 일어난 규모 9.5의 지진이야. 지진의 세기와 피해가 어느 정도 관련이 있지만 항상 일치하는 건 아니란다."

"가장 센 지진도 아닌데 왜 산시 성에서는 사람이 많이 죽었어요?"

"산시 성 사람들은 대부분 지진에 취약한 동굴 집에 살고 있어서 피해가 컸지."

가만히 설명을 듣던 미진이가 갑자기 물었어요.

"박사님, 지진의 세기를 어떻게 나타내나요?"

"지진의 세기는 '진도'와 '규모'라는 단위를 사용해서 나타내. 먼저 진도부터 알려 줄게. 진도는 지진이 일어났을 때 땅 위의 물체나 건물이 흔들리는 정도와 사람이 몸으로 느끼는 흔들림의 정도를 수치로 표현한 거야. 즉 사람이 보고 느끼는 것을 기준으로 삼지. 따라서 진도는 관측자의 위치

수정 메르칼리 진도

진도	사람의 느낌이나 피해 정도
I	민감한 극소수의 사람만이 진동을 느낀다.
II	건물 위층에 있는 일부의 사람들만 진동을 느낀다.
III	실내에서도 진동을 느끼고, 건물 위층에서 더욱 현저하게 느낀다.
IV	실내에서 많은 사람들이 진동을 느끼고, 창문과 현관문 등이 흔들린다.
V	거의 모든 사람이 진동을 느끼고, 많은 사람이 잠에서 깬다.
VI	모든 사람이 진동을 느끼고, 많은 사람이 놀라서 집 밖으로 뛰쳐나온다.
VII	사람이 서 있기 어렵고, 보통 건물은 약간의 피해를 입고, 부실한 건물은 상당한 피해를 입는다.
VIII	견고한 건물도 피해를 입고, 굴뚝과 기둥 등이 무너진다.
IX	일부 건물이 무너지고, 땅에 금이 간다.
X	석조 건물이 대부분 무너지고, 땅에 금이 심하게 가며 철로가 휜다.
XI	건물이 대부분 파괴되고, 땅에 큰 균열이 생긴다.
XII	모든 것이 파괴되고, 땅이 파도처럼 움직이는 것이 보인다.

진도는 로마 숫자로 피해 등급을 표시해.

에 따라 달라지는 상대적인 척도야. 그래서 하나의 지진이라도 지역마다 진도가 달라지지."

"뉴스에서 지진이 일어난 지역의 사람들을 인터뷰한 모습을 본 적이 있어요. 그런데 사람마다 흔들린 정도를 다르게 말하는 게 이상했어요. 주관적인 느낌을 얘기한 거라서 그런 거군요."

"그렇단다."

리히터 박사는 새로운 영상을 띄웠어요.

"이것은 수정 메르칼리 **진도표**라는 거야. '진도'는 1902년에 이탈리아의 지질학자 주세페 메르칼리가 10단계의 진도를 처음 만들었지. 그 뒤에 각 나라에서 자기 나라에 맞게 수정해서 사용하는데, 많은 나라가 미국에서 고친 수정 메르칼리 진도를 사용한단다. 너희 나라도 마찬가지고."

아이들은 수정 메르칼리 진도표를 들여다보았어요.

"얘들아, 진도로 지진의 세기를 나타내는 게 정확하다고 할 수 있을까?"

"강한 지진일수록 피해가 커지니까 진도가 지진의 세기를 잘 나타낸다고 할 수 있을 것 같은데요."

한라가 대답하자마자 미진이가 곧바로 자기 생각을 말했어요.

"**제 생각은 달라요.** 같은 크기의 지진이 건물과 사람이 많은 대도시에서 일어나면 피해가 크지만 들판에서 일어나면 피해가 훨씬 적잖아요. 그런데 진도로 표시하면 대도시에서 일어난 지진을 더 강한 지진으로 표시할 테니까 진도가 지진의 세기를 정확하게 나타낸다고 할 수 없을 것 같아요."

미진이의 말에 리히터 박사가 웃으며 설명을 계속했어요.

진원의 바로 위인 진앙에서 흔들림이 가장 심하고 진앙에서 멀어질수록 약해진다.

"미진이 네 말이 맞아. 강한 지진일수록 피해를 많이 주지만 항상 그런
건 아니야. 같은 크기의 지진이라도 진원에서의 거리에 따라 건물의 피해
정도가 다르지. 아무리 시끄러운 소리라도 멀리 떨어져 있으면 시끄럽게 들
리지 않잖아? 이것은 거리가 멀어지면서 소리가 약해지기 때문이지."

"맞아요. 수업 시간에 맨 뒷줄에 앉은 백두가 저보다 더 많이 떠드는데
맨 앞줄에 앉은 제가 선생님께 더 자주 혼나요. 선생님이 백두 목소리를
못 듣는 경우가 종종 있거든요."

한라가 **억울한 듯이** 말했어요.

"하하, 그럴 땐 좀 속상하겠다. 소리와 마찬가지로 지진도 진원에서 멀어
지면 지진의 세기가 약해져. 따라서 같은 지진이라도 진원에서 가까운 지점

이 훨씬 센 지진으로 느껴지지."

"건물이 튼튼하면 지진에 더 잘 견디지 않나요? 그런 것도 지진의 세기를 측정하는 데 영향을 주겠죠?"

미진이가 아까 배운 내진 설계를 떠올리며 물었어요.

"그래. 지진의 피해는 진원으로부터의 거리, 땅의 특성, 건물의 형태 등에 따라 달라져. 아무래도 허술하게 지은 벽돌 건물보다는 지진에 대비하여 튼튼하게 잘 지은 건물이 피해가 적지."

"에이, 그럼 진도로는 지진의 세기를 정확하게 나타내기 어렵겠네요. 여러 가지 변수가 있으니까요."

"맞아. 그래서 지진의 세기를 비교하기 위해 지진이 일어난 곳으로부터의 거리에 상관없이 지진 자체의 크기를 나타내는 단위가 필요했어. 그 단위를 1935년에 내가 만들었지. 그게 바로 지진의 세기를 절대적으로 나타내는 리히터 규모야."

"리히터라면 박사님 이름 아닌가요?"

백두가 갑자기 생각난 듯 물었어요.

"그래, 맞아. 내 이름을 따서 지은 거야. 리히터 규모는 지진계에 기록된 지진파의 최대 진폭을 측정해 지진 에너지의 양을 숫자로 나타낸 거야. 지진의 크기를 '규모'라는 단위로 나타내는데, 숫자가 클수록 센 지진을 뜻하지. 리히터 규모에서는 지진파의 진폭이 10배 증가할 때 리히

찰스 리히터
미국 남부 캘리포니아 지역에서 일어난 지진의 크기를 수치화하면서 규모의 개념을 도입하였다.

터 규모가 1이 증가해. 즉 규모 5는 규모 4보다 10배 더 센 지진이지. 또 규모가 1이 올라갈 때마다 **지진의 에너지**는 약 32배 정도 증가하고.”

리히터 규모 수치 차이가 n일 때

지진의 에너지≒32×32×⋯×32

└─── n개 ───┘

“규모 차이가 1밖에 나지 않는데 지진 에너지는 엄청 증가하네요.”

“그렇지? 리히터 규모 7인 지진은 규모 5인 지진보다 지진 에너지가 얼마나 클까? 규모 차이가 2이니까 지진의 에너지는 32×32=1,024로, 거의 1,000배나 더 커.”

“와, 1,000배라니 엄청나네요.”

“그럼 리히터 규모 8은 규모 5보다 몇 배가 큰 에너지를 가진 지진일까?”

한라가 손을 번쩍 들며 자기가 계산하겠다고 나섰어요.

지진의 에너지≒32×32×32=32,768

“규모 8은 규모 5보다 3만큼 증가한 거니까 32×32×32=32,768이에요. 리히터 규모 8은 규모 5보다 약 33,000배 큰 에너지를 가진 지진이에요.”

“와, 한라가 계산을 아주 잘하는구나! 맞았어. 이처럼 규모는 진도와 달리 계산을 통해 수학적으로 크기를 비교하는 게 가능해. 이제 너희들도 뉴스에 나오는 리히터 규모를 보면 발생한 지진의 세기를 비교할 수 있겠지?"

"네!"

리히터 박사는 빙그레 웃으며 리히터 규모 영상을

보여 주었어요.

리히터 규모

0~1.9
지진계로만 탐지가 가능하며 대부분의 사람이 진동을 느끼지 못함.

2~2.9
대부분의 사람이 진동을 느끼며 창문이나 전등같이 매달린 물체가 흔들림.

3~3.9
대형 트럭이 지나갈 때의 진동과 비슷함. 일부 사람은 놀라서 건물 밖으로 나옴.

4~4.9
집이 흔들리고 창문이 깨짐. 작고 불안정한 위치의 물체들이 떨어짐.

5~5.9
서 있기가 힘들고 가구들이 움직이며 내벽의 내장재 따위가 떨어짐.

6~6.9
제대로 지어진 구조물에도 피해가 발생하며 빈약한 구조물은 큰 피해를 입음.

7~7.9
땅이 갈라져 틈이 생기고 건물 기초가 무너짐. 돌담, 축대 등이 파손됨.

8~8.9
교량과 같은 대형 구조물이 대부분 파괴됨. 산사태가 발생할 수 있음.

9 이상
건물이 대부분 파괴되고, 철로가 휘며 지면에 단층 현상이 일어남.

지진파로 진원 찾기

"박사님, 지진파는 얼마나 빠른가요?"

"**아주 빨라.** 지진파가 얼마나 빠른지 예를 들어 볼까? 서울에서 지진이 일어난다면 지진파는 미국 하와이까지 11분 정도면 도달하고, 미국 본토까지는 12~15분 정도면 도달해."

"**우와,** 엄청 빠르다! 비행기보다 훨씬 빠르네요."

"그렇지. 아무리 비행기가 빨라도 지진파에 비하면 아무것도 아니야. 이제 지진파를 소리의 속력과 비교해 볼까? 소리의 속력은 340m/s야. 즉 1초에 340m를 이동하지. 소리의 속력이 이처럼 빠르기 때문에 산꼭대기에서 소리를 지르면 몇 초 뒤에 메아리를 들을 수 있는 거야. 만약 맞은편 산까지의 거리가 340m라면, 소리가 왕복하는 데 680m를 이동하니까 2초 뒤에 메아리가 들리지."

"소리도 정말 빠르구나."

"당연하지. 그래서 우리가 실시간으로 대화할 수 있는 거잖아."

한라의 말에 미진이가 **잘난 체하며** 말했어요.

"지진파는 소리보다 훨씬 더 빠르단다. S파는 1초에 3~4km 정도 이동해. 1km=1,000m이므로, S파는 1초에 3,000~4,000m를 이동하는 거지. 소리에 비해 거의 10배나 빠른 거야. 만약에 지진파가 서울에서 발생하면 부산에 2분 뒤면 도달해."

"서울에서 부산까지 KTX를 타고 가도 거의 3시간이 걸리는데, 지진파는 2분밖에 안 걸린다고요?"

백두가 **혀를 내둘렀어요.**

"P파는 더 빨라. P파의 속력은 7~8km/s 정도야."

한라가 리히터 박사의 설명에 재빨리 끼어들었어요.

"P파는 1초에 7,000~8,000m를 간다는 거죠? P파가 S파보다 두 배 정도 빠르네요."

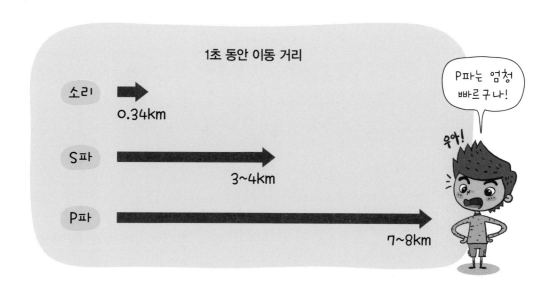

87

"그렇지. 그럼 지진이 났을 때 P파와 S파 중에서 무엇이 먼저 도착할까?"

"P파가 속도가 빠르니까 먼저 도착해요."

백두가 **재빨리** 대답했어요.

"그래, 맞아. 속도가 빠르다는 것은 같은 거리를 이동할 때 시간이 더 적게 걸린다는 뜻이야. 그래서 지진이 났을 때 P파와 S파가 같은 지점에서 동시에 출발해도 이동 속도가 빠른 P파가 먼저 도달하고 잠시 뒤에 S파가 도달하는 거지."

"S파는 미진이처럼 늘 2등이네. 미진이는 달리기를 하면 항상 2등을 하거든요."

백두가 미진이를 놀리자 미진이가 백두를 **노려보았어요.**

"친구를 놀리면 안 돼. 중요한 설명이 남아 있으니 잘 들어 봐. P파가 먼저 도달하고 나서 S파가 도달할 때까지의 시간을 'PS시'라고 해. PS시는 진원을 찾아내는 데 아주 중요하게 사용되지. 왜냐하면 PS시를 알면 진원까지의 거리를 알 수 있거든."

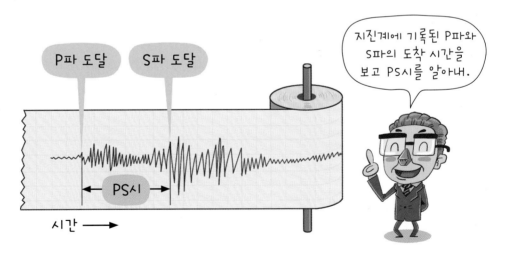

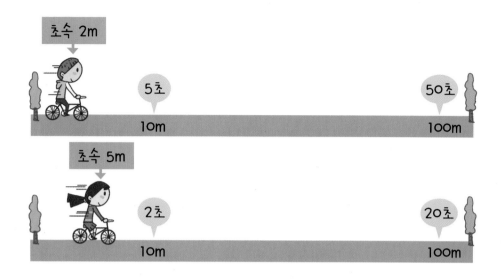

"PS시로 어떻게 진원을 찾아낼 수 있어요?"

"거리가 멀수록 PS시가 커지기 때문에 이것으로 진원을 찾아낼 수 있지. 예를 들어 설명해 볼까? 한라와 미진이가 자전거를 타고 10m를 가는데, 한라는 초속 2m로, 미진이는 초속 5m의 속력으로 간다고 상상해 봐. 각각 시간이 얼마나 걸리고, 누가 먼저 도착할까?"

베게너 박사는 걸린 시간을 구하는 수식을 영상으로 보여 주었어요.

$$\text{걸린 시간} = \frac{\text{이동 거리}}{\text{속력}}$$

"이동 거리를 속력으로 나누면 되니까 한라는 $\frac{10}{2}$=5로 5초가 걸리고, 미진이는 $\frac{10}{5}$=2로 2초가 걸려. 따라서 미진이가 도착한 뒤 3초 후에 한라가 도착하지. 만약 두 사람이 이 속도로 100m를 간다면 어떻게 될까?"

한라가 나서서 자신 있게 대답했어요.

"나는 $\frac{100}{2}$=50이니까 50초가 걸려요. 미진이는 $\frac{100}{5}$=20이니까 20초가

걸리고요."

"한라는 정말 수학을 잘하는구나! 맞아. 그래서 두 사람의 도착 시간은 30초가 차이 나. 이처럼 서로 다른 속도로 같은 거리를 움직일 때는 거리가 멀수록 도착하는 데 걸린 시간의 **차이가 커져.** P파와 S파의 경우도 마찬가지야. PS시가 클수록 진원까지의 거리가 멀어지지. 대략적으로는 PS시에 8을 곱하면 진원까지의 거리(km)가 나와."

> ### 진원까지의 거리≒PS시×8

"**아하,** 그럼 PS시를 측정하면 진원까지의 거리를 구할 수 있겠네요."

"그렇지. 예를 들어 P파가 도달한 후 S파가 10초 후에 도달했다면 진원까지 거리는 10×8=80이니까 약 80km가 돼. 지진 관측소에서 약 80km 떨어진 곳에 지진이 일어났다는 뜻이지. 하지만 이것만으로는 진원의 위치를

찾을 수 없어. 하나의 지진 관측소에서 측정한 값만으로 진원을 찾으려면 그곳을 중심으로 80km 거리에 있는 모든 곳 중에서 어디가 진원인지 알 수 없기 때문이야. 지진이 일어난 지점이 동서남북 어디든 80km 떨어진 곳은 모두 PS시가 10초이기 때문이지. 그래서 진원의 위치를 결정할 때는 적어도 세 곳의 지진 관측소에서 관측한 PS시 값이 필요해."

"세 군데에서 관측한 PS시 값으로 **어떻게** 진원을 알 수 있죠?"

"A, B, C 세 곳에서 진원까지의 거리가 각각 x, y, z일 때 A, B, C를 중심으로 반지름이 x, y, z인 세 개의 원을 그려서 세 원의 공통현이 교차하는 지점이 바로 진앙이야. 진앙에서 수직 아래 지점에 진원이 있고. 이렇게 진앙과 진원을 찾아내는 데 지진파의 속도가 유용하게 사용된단다."

"와, 정말 수학적인 방법으로 진원을 쉽게 찾아낼 수 있군요."

백두가 **손뼉을 치며** 말했어요.

거리를 어떻게 구할까?

"지진파의 속도는 진원의 위치를 알려 줄 뿐만 아니라 지구 내부 구조를 알아내는 데도 큰 도움을 주었어. 안드리야 모호로비치치라는 지진학자는 1909년에 발칸 반도에서 일어난 지진의 전달 속도를 조사하다가 지진파의 속도가 지표 아래 35km쯤에서 **급격히** 증가한다는 사실을 발견했지."

"지진파의 속도가 왜 증가한 거예요?"

"그 부분을 경계로 위쪽과 아래쪽의 구성 물질이 다르기 때문이야. 즉 지각과 지각 아래에 있는 맨틀은 **서로 성질이 달라서** 두 층의 경계에서 지진파의 속도가 달라진 거지. 이 발견으로 사람들은 지각 아래에 맨틀이 있다는 것을 알아냈어. 이 경계면을 발견한 사람의 이름을 따서 '모호로비치치 불연속면'이라고 부르지."

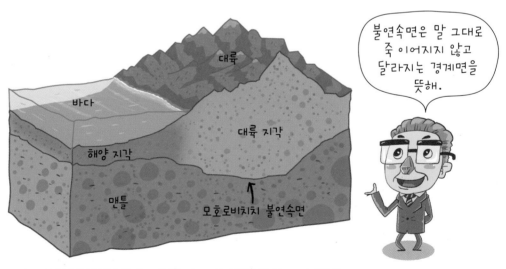

불연속면은 말 그대로 죽 이어지지 않고 달라지는 경계면을 뜻해.

모호로비치치 불연속면의 위치는 대륙은 지표로부터 평균 약 35km 아래쪽에 있고, 바다는 지표로부터 평균 약 5km 아래쪽에 있다.

"그런 방법으로 지구 내부의 구조를 알아낸 거군요."

"그래, 맞아. 지진파의 속도가 불연속적인 곳마다 지구 내부의 구조가 바뀐다는 것을 알아낸 거지."

리히터 박사는 아이들을 상자가 있는 방으로 데려갔어요.

"앞에 있는 상자를 **열어 보렴**."

아이들이 상자를 열자 안에는 자와 연필, 종이, 삶은 달걀, 지구 모형, 칼 등이 들어 있었어요.

"달걀이네. 배가 고팠는데 잘 됐다!"

한라가 손으로 달걀을 집으려고 했지만 손에 잡히지 않았어요. 홀로그램으로 만든 가짜 달걀이기 때문이지요.

"에이, 뭐야? 이것도 가짜야? 여긴 온통 가짜투성이네."

실망한 한라의 얼굴을 보고 모두 웃었어요.

지구 내부와 달걀 안쪽 모양이 비슷하네.

지각 / 맨틀 / 외핵 / 내핵

지구 모형

노른자위 / 흰자위 / 껍데기

달걀

리히터 박사는 아이들을 보며 말했어요.

"칼로 지구 모형과 달걀을 반으로 잘라 볼래?"

백두는 칼을 들고 달걀과 지구 모형을 반으로 자르는 흉내를 냈어요. 그러자 정말로 달걀과 지구 모형이 반으로 **쫙** 갈라졌어요.

"이제 자른 지구 모형과 달걀의 단면 모양을 비교해 봐. 비슷하지?"

"네, 지구는 지각, 맨틀, 외핵과 내핵으로 되어 있고, 달걀은 껍데기, 흰자위, 노른자위로 되어 있어서 모습이 비슷해요."

미진이가 지구 모형을 들고 보다가 물었어요.

"박사님, 이 지구 모형이 지구의 내부 구조와 똑같이 만들어진 건가요?"

"그래, 실제 지구의 내부 구조를 작게 축소해서 만들었지. 지구 중심에서 각 층의 거리를 알기 때문에 수학적으로 계산하면 모형을 지구 내부의 모양과 똑같이 만들 수 있단다."

리히터 박사는 지구 모형을 만드는 계산을 해 보자고 했어요.

"반지름이 16cm인 지구 모형을 만든다고 생각해 봐. 먼저 중심에서 외

핵까지의 거리를 몇 cm로 해야 할지 계
산해 볼까? 이 표에 나온 지구 중심에서
지각까지의 거리를 지구의 반지름으로
보고, 지구 중심에서 외핵까지의 거리를
이용하면 모형 중심에서 외핵까지의 거
리를 구할 수 있어."

층	지구 중심에서의 거리
내핵	1,300km
외핵	3,500km
맨틀	6,360km
지각	6,400km

미진이가 자기가 계산하겠다고 연필과 종이를 들고 나섰어요.

지구의 반지름:지구 중심에서 외핵까지의 거리
=모형의 반지름:모형 중심에서 외핵까지의 거리

6,400km:3,500km = 16cm:모형 중심에서 외핵까지의 거리

$$\text{모형 중심에서 외핵까지의 거리} = \frac{3,500km \times 16cm}{6,400km} = \frac{350,000,000cm \times 16cm}{640,000,000cm}$$

$$= 8.75cm$$

"맞았어. 어려운 문제인데 척척 잘 푸는구나. 이번에는 내핵과 맨틀
까지의 거리도 구해 볼까?"

한라는 외핵까지의 거리를 구하는 방
법과 같은 방법으로 내핵과 맨틀까지의
거리를 계산했어요. 그리고 표로 만들어
정리했지요.

층	모형 중심에서의 거리
내핵	3.25cm
외핵	8.75cm
맨틀	15.9cm
지각	16cm

2학년 1학기 수학 6. 곱셈

 진폭이 5배면 지진파의 에너지는 몇 배가 될까?

 파동의 에너지는 진폭의 제곱에 비례한다. 지진파도 파동의 일종이니까 지진파의 에너지는 진폭의 제곱에 비례한다.

지진파의 에너지 ∝ 진폭^2

진폭이 5배라면 5×5=25이므로, 지진파의 에너지는 25배가 커진다. 지진파의 에너지가 커지면 지진의 세기도 커진다. 따라서 진폭이 조금 커지더라도 그에 따른 피해 규모가 엄청나게 커지는 것이다.

3학년 1학기 수학 4. 곱셈

 PS시가 20초라면 진원까지의 거리는 얼마일까?

 PS시는 P파가 도착한 뒤 S파가 도착하기까지의 시간이다. P파와 S파의 속도가 알려져 있기 때문에 PS시를 구하면 진원까지의 거리를 계산할 수 있다. 여러 경우를 계산한 결과, 대략적으로 PS시에 8을 곱하면 지진 관측소에서 진원까지의 거리(km)가 나오는 것을 알았다. 즉 PS시가 20초라면 20×8=160이므로, 지진 관측소에서 진원까지의 거리는 약 160km이다.

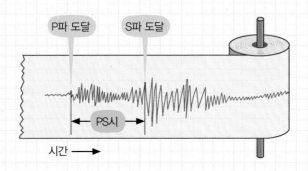

5학년 2학기 수학 1. 소수의 곱셈

Q. 철수는 초속 6m, 영희는 초속 4m로 100m 달리기를 하면 누가 이길까?

A. 시간과 속력의 관계식으로 철수와 영희가 결승점에 도착하는 시간을 구할 수 있다.

철수가 초속 6m로 100m를 달렸을 때 걸린 시간은 다음과 같다.

$$걸린 \ 시간 = \frac{이동 \ 거리}{속력} = \frac{100}{6} = 16.66 \cdots$$

즉 철수는 결승점까지 약 17초 걸린다.

영희가 초속 4m로 100m를 달렸을 때 걸린 시간은 다음과 같다.

$$걸린 \ 시간 = \frac{100}{4} = 25$$

즉 영희는 결승점까지 25초가 걸린다.

따라서 철수가 영희보다 결승점에 약 8초 빨리 도착하여 이긴다.

Q. 반지름이 20cm인 지구 모형을 만들 때 중심에서 맨틀까지의 거리는 얼마일까?

층	지구 중심에서의 거리
내핵	1,300km
외핵	3,500km
맨틀	6,360km
지각	6,400km

A. 표를 보면 지구의 반지름이 6,400km이고, 지구 중심에서 맨틀까지의 거리가 6,360km이다. 반지름이 20cm인 지구 모형의 중심에서 맨틀까지의 거리는 비례식으로 구한다.

지구의 반지름 : 지구 중심에서 맨틀까지의 거리=모형의 반지름 : 모형 중심에서 맨틀까지의 거리

6,400km : 6,360km=20cm : 모형 중심에서 맨틀까지의 거리

$$모형 \ 중심에서 \ 맨틀까지의 \ 거리 = \frac{6,360km \times 20cm}{6,400km} = \frac{636,000,000cm \times 20cm}{640,000,000cm}$$

$$= 19.875cm$$

즉 모형 중심에서 맨틀까지의 거리는 19.875cm이다.

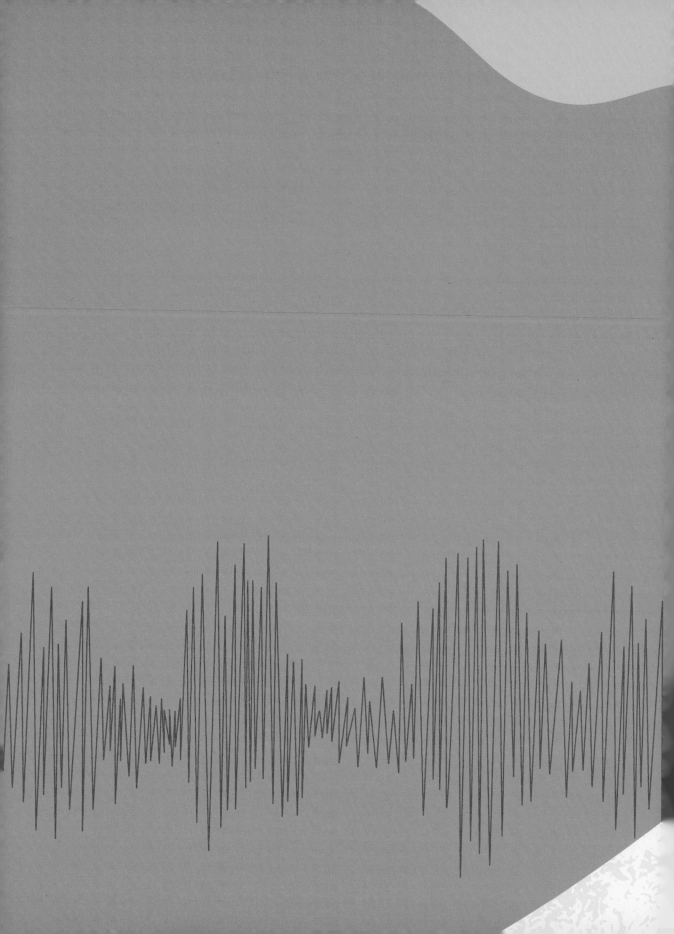

4장

작품으로
보는 예술관

상상력을 자극하는 화산과 지진

"여기에 와서도 수학 공부를 하다니 너무했어. 빨리 다른 곳으로 가자."

백두가 한라와 미진이를 밀며 재촉했어요.

아이들은 '숫자로 보는 수학관'을 나와서 다음 체험관으로 갔어요.

"작품으로 보는 예술관이라니, 뭔가 재미있을 것 같은데."

백두의 얼굴이 밝아졌어요.

"화산과 지진이 도대체 예술과 어떤 관계가 있지?"

한라가 고개를 갸웃거리는데 갑자기 아름다운 여인이 나타났어요.

"친구들, 안녕? 나는 예술관을 안내할 미의 여신 비너스야."

백두와 한라는 비너스의 아름다운 모습에 눈이 휘둥그레졌어요.

"와! 비너스 님, 정말 아름다우세요!"

"호호, 고마워! 여기에서는 화산, 지진과 관련된 예술 작품에 대해 알아볼 거야. 옛날 유럽 사람들은 지진과 화산 폭발을 신들이 일으키는 현상이라고 생각했어. 땅의 흔들림과 거대한 폭발음과 함께 솟아 나오는 마그마는 사람의 힘으로 만들 수 있는 것이 아니니까. 그래서 지진과 화산 폭발이 많이 일어나는 지역에서는 신의 노여움을 달래기 위해 신에게 기도하거나 제사를 지냈어. 또 동물이나 사람을 제물로 바치기도 했지. 근대에 와서 지진학이나 화산학이 등장해 과학적인 설명이 가능해지기 전까지 사람들은 신에게 의존할 수밖에 없었단다."

작품으로 보는
예술관

"옛날 사람들은 지진과 화산 폭발이 왜 생기는지 알 수 없어서 더 무서웠 겠어요."

"그렇지. 하지만 한편으로는 화산과 지진이 사람들의 **상상력**을 자극 하기도 했어. 땅의 흔들림은 땅속에 사람이 알지 못하는 거대한 힘을 가진 신이나 **괴물**이 살고 있다는 증거라고 생각했어. 또 신들이 화산 아래에 있는 대장간에서 쇠망치를 두드리며 무기를 만들기 때문에 연기와 불꽃이 일어난다고 생각했지. 이러한 상상력은 화산과 지진에 대한 그림과 이야기 를 많이 만들어 냈단다."

"**하하**, 그럴듯하네요."

한라가 웃으며 말했어요.

"사람들이 화산과 지진을 소재로 어떤 예술 작품을 남겼는지 살펴볼까?"

"네, 재미있을 것 같아요."

아이들은 인공 지능 로봇 비너스를 따라 예술관 안으로 들어 갔어요.

화산과 지진은 많은 이야기를 만들어 냈어.

지진이 신의 노여움 때문이라고?

화산 폭발이 신이 일으키는 현상이라고?

101

불카누스의 대장간

와, 멋지다!

프랑수아 부셰의 〈불카누스의 대장간에 있는 비너스〉

"저 그림 속 여인이 누구인지 아니?"

비너스는 커다란 그림 속 여인을 가리키며 물었어요.

"잘 모르겠는데요."

"바로 나야. 이 그림은 프랑수아 부셰라는 화가가 그린 〈불카누스의 대장간에 있는 비너스〉라는 그림이란다."

"멋진 그림이네요. 그런데 불카누스가 누구예요?"

"불카누스는 불과 대장장이의 신으로, 로마 신화에 나오는 이름이야. 그리스 신화에서는 헤파이스토스라고 부르지. 원래 절름발이에 아주 못생긴 신인데, 부셰가 여기에서 멋지게 그렸지."

"왜 최고의 미인인 비너스 님이 못생긴 불카누스와 함께 있어요?"

"불카누스는 내 남편이란다."

"네? 남편이라고요?"

비너스의 대답에 아이들은 **깜짝** 놀랐어요.

"호호, 신들 중에서 가장 아름다운 내가 불카누스의 아내라는 게 이상하니? 내가 불카누스와 살게 된 것은 제우스 때문이야."

"제우스라면 그리스 신화에 나오는 최고의 신 말인가요?"

"그래, 맞아. 올림포스의 신들과 티탄 족 사이에 전쟁이 일어났는데, 이때 제우스가 티탄 족을 무찌를 수 있게 해 주는 자에게 나를 아내로 주겠다고 약속했지."

"그래서요?"

아이들은 귀를 **쫑긋** 세우고 비너스의 이야기를 들었어요.

"제우스는 불카누스가 만들어 준 번개 덕분에 티탄 족과의 전쟁에서 이겼어. 그러자 약속대로 나를 불카누스에게 보냈지."

"비너스 님의 이야기가 정말 흥미롭네요."

"그렇지? 나와 불카누스 이야기는 재미있어서 여러 그림과 소설에 등장해. 혹시 〈허풍선이 남작의 모험〉이라는 동화를 읽어 봤니?"

"네, 제가 얼마 전에 읽었어요. 허풍선이 남작은 정말 허풍이 심해요. 콩줄기를 타고 달에 갔다거나 오리를 타고 날았다는 **황당한** 이야기를 해요. 너무 허풍이 심해서 웃기기도 하고 재미있었어요."

한라가 책 내용을 떠올리며 말했어요.

"그 동화 속에서도 허풍선이 남작이 **화산 아래로** 여행을 갔다가 불카누스와 비너스를 만나는 장면이 나와. 이 동화에서도 알 수 있듯이 화산과 불카누스는 떼려야 뗄 수 없는 사이지. 고대 그리스 사람들은 이탈리아 시칠리아 섬에 있는 에트나 산 아래에 헤파이스토스의 대장간이 있다고 생각했어."

"대장간이 있어서 화산에서 불꽃이 일고 큰 소리가 난다고 생각했군요?"

"맞아. 고대 그리스 사람들은 에트나 산에서 불꽃과 연기가 피어 오르는 것은 헤파이스토스가 무기를 만들기 때문이라고 생각했어. 헤파이스토스를 로마 사람들은 불카누스라고 부르는 거고."

"네. 그런데 혹시 화산을 뜻하는 영어 단어인 **'볼케이노'**가 불카누스와 관계가 있나요?"

미진이가 갑자기 생각난 듯이 물었어요.

"그래. 볼케이노는 바로 불카누스에서 유래된 말이야."

"아, 어쩐지. 그래서 발음이 비슷하구나!"

"이처럼 그리스·로마 신화는 서양 문화에 많은 영향을 주었어. 그래서 불카누스와 내 이야기도 서양 그림이나 소설에서 자주 등장하는 거야."

"저도 그리스·로마 신화를 아주 재미있게 읽었는데, 학교 공부에도 도움이 많이 되었어요."

화산재에 묻힌 도시, 폼페이

아이들이 비너스와 이야기하면서 다음 방으로 들어가자 갑자기 어두워졌어요. 그리고 잠시 뒤에 천둥소리 같은 큰 폭발음이 나더니 화산이 불을 내뿜고, 화산 위로 시커먼 연기가 솟아올랐어요.

"으악, 화산이 폭발한다! *어서 피해!*"

백두가 겁에 질려 호들갑스럽게 행동하자 비너스가 차분히 말했어요.

"이건 영상이니까 안심해. 위험하지 않아."

"휴, 다행이다! 난 정말로 화산이 폭발하는 줄 알았네."

백두가 손으로 가슴을 쓸어내리며 말했어요.

"이 영상은 이탈리아 도시 폼페이에 있던 베수비오 화산이 79년 8월에 폭발할 때의 모습이야."

"이 일이 실제로 일어났다고요?"

폼페이는 화산 폭발로 3일 만에 역사에서 사라졌어.

"응. 폼페이는 약 2,000년 전에 많은 사람들이 살았던 큰 도시였어. 그런데 어느 날 오랫동안 잠들어 있던 베수비오 화산이 폭발해서 화산재와 화산 암석 조각들이 폼페이를 뒤덮었지. 그로 인해 수많은 사람이 죽고 폼페이는 화산재에 완전히 파묻혀 **사라졌단다.**"

"그럴 수가! 화산 폭발 때문에 한 도시가 완전히 없어졌다고요?"

아이들이 깜짝 놀라자 비너스는 새로운 영상을 보여 주었어요.

"**저건 뭐예요?** 사람처럼 보이는데요?"

"맞아. 저건 화산재에 묻힌 폼페이 시민들의 모습을 석고로 만들어 놓은 거야. 화산 폭발로 생긴 가스 때문에 폼페이 사람 2,000여 명이 숨 막혀 죽었는데, 그 위에 화산재가 덮여 그대로 파묻혔지. 18세기에 폼페이를 발굴하다가 폼페이 시민들의 시체가 썩어 뼈만 남아 있던 빈 공간을 발견하고, 그곳에 석고를 부어 굳혀서 이렇게 만들었단다."

"얼마나 무서웠을까? 폼페이 사람들이 정말 **불쌍해요.**"

이런 모습으로 죽었다니 정말 끔찍해!

폼페이 석고상은 사람들이 화산재가 덮쳐 죽을 때의 모습을 그대로 보여 준다.

폼페이에서 발굴된 유적과 유품은 고대 유럽 사람들의 생활 모습을 알려 주고 있어.

오랫동안의 발굴 작업을 통해 폼페이의 거리와 집들이 옛 모습 그대로 드러났다.

"그런데 화산재에 묻힌 폼페이가 어떻게 발견된 거예요?"

"1592년에 폼페이 위를 가로지르는 운하를 건설하다가 우연히 유적이 발견되었어. 그 뒤 폼페이는 1748년부터 본격적으로 발굴되었는데, 도시 전체가 화산 폭발 당시의 모습을 그대로 간직하고 있었지. 광장, 신전, 원형극장, 목욕탕, 집 등이 발굴되었고, 아직까지도 발굴이 계속되고 있어."

영상이 다시 바뀌더니 오늘날 폼페이의 모습이 나타났어요.

"와, 저 벽화는 무척 아름답고 화려하네!"

미진이가 벽에 그려진 그림을 가리키며 말했어요.

"폼페이 벽화 중에는 당시 로마 미술품 가운데 **최고**라고 평가받는 작품도 있어. 발굴된 유적을 보면 로마의 휴양 도시였던 폼페이가 얼마나 화려했

폼페이 벽화는 헬레니즘 시대의 회화를 반영하여 감각적이고 신비적이다.

는지를 알 수 있지. **화려함**과 **비극**이 공존하는 곳이 바로 폼페이야."

"이렇게 화려했던 도시가 순식간에 사라졌다니 마치 전설 속의 이야기 같아요."

"그렇지? 그래서 **폼페이의 멸망**을 소재로 한 소설과 영화가 여러 편 만들어졌단다. 특히 영국의 소설가 에드워드 리턴이 쓴 소설 〈폼페이 최후의 날〉이 유명하지."

비너스는 그림 영상을 띄우며 말했어요.

"베수비오 화산 폭발은 화가들에게도 많은 영감을 주었어. 이 그림을 봐. 두려움에 가득 찬 사람들의 모습이 생생하게 느껴지지? 이 작품 외에도 많은 화가들이 베수비오 화산 폭발을 그림으로 그렸단다."

그림이 꼭 진짜 같다!

〈폼페이 최후의 날〉
러시아 화가 카를 브률로프가 베수비오 화산 폭발 당시의 모습을 생생하게 표현했다.

화산 폭발은 역사도 바꾼다

"폼페이가 멸망한 모습을 보니까 지금 우리는 안전한지 걱정이 돼요."

미진이가 **심각한 표정**을 지으며 말했어요.

"비너스 님, 폼페이 멸망 이후에는 큰 사건이 없었나요?"

"폼페이 멸망이 거의 2,000년 전이라서 사람들은 화산 폭발이 우리와 상관없는 일이라고 착각하는 경우가 있어. 하지만 역사를 돌이켜 보면 화산은 인류의 삶에 많은 영향을 주었단다. 지금도 해마다 화산 폭발이 50번 정도 일어나는데, 지금은 화산 폭발에 대비하고 있어서 큰 피해를 입지 않을 뿐이야. 하지만 갑자기 **대폭발**이 일어난다면 큰 피해를 입을 수 있단다."

"옛날에는 화산에 대해 잘 몰라서 피해를 많이 입었겠네요?"

"그렇단다. 피해가 심한 경우에는 역사의 흐름이 바뀌기도 했어."

"화산 폭발이 역사를 바꾸었다고요? **믿어지지 않아요.**"

"1815년 4월에 인도네시아에 있는 탐보라 화산이 폭발했어. 이 화산 폭발은 인류가 문명을 건설한 이래 가장 큰 폭발이었지. 이 폭발로 탐보라 산의 윗부분이 절반 정도 날아가 산 높이가 1,500m나 낮아졌어. 서울에 있는 북한산 높이의 두 배 정도가 되는 산이 날아가 버린 거야. 얼마나 큰 폭발인지 알겠지?"

"와, 정말 엄청 큰 폭발이었나 봐요. 그렇게 큰 폭발이면 화산 주변에 있던 사람들이 많이 죽었겠네요?"

"그래. 폭발로 1만 명이 넘는 사람이 죽었어. 하지만 직접적인 피해보다 간접적인 피해가 더 컸단다."

"어떤 피해가 있었는데요?"

"탐보라 화산이 폭발할 때 화산재가 엄청나게 많이 나와서 3일 동안 하늘을 뒤덮어 햇빛을 막았어. 그로 인해 지구 전체의 평균 기온이 섭씨 1도 이상 내려갔지. 그래서 농작물이 심각한 피해를 입었고, 농사를 망치자 가난한 사람들은 먹을 것이 부족해서 굶어 죽었어. 또 추위와 배고픔으로 면역력이 약해져 전염병으로 죽는 사람도 많았지. 그렇게 죽은 사람이 8만 2,000명이나 되었어."

"화산 폭발 하나로 그렇게 많은 사람이 죽다니, **정말 무섭네요.**"

화산재가 계속 나와 오랫동안 햇빛을 가리면 기후를 바꾸어 놓기도 한다.

"그뿐만이 아니야. 지구 전체를 뒤덮은 화산재 때문에 폭발 이듬해 여름 유럽에는 눈과 서리가 내리는 이상 기후가 나타났어. 그로 인해 농작물이 **큰 피해**를 입었고, 굶주린 시민들이 폭동을 일으키거나 약탈을 일삼는 등 유럽 사회가 혼란에 빠졌지. 그래서 유럽 사람들은 살기 위해 미국으로 많이 떠났단다."

"정말 화산 폭발의 영향은 대단하네요!"

"비너스 님, 화산 폭발로 사라진 나라가 있다는데 진짜인가요?"

한라가 불현듯이 생각나서 물었어요.

"아틀란티스 말이야? 아틀란티스는 전설로만 전해 내려오는 나라잖아."

한라의 질문에 미진이가 자신 있게 대답했어요.

"미진이 말이 맞아. 대부분의 학자들은 아틀란티스가 실제로 존재했다고 생각하지 않아. 그런데 몇몇 학자들은 아틀란티스가 그리스의 크레타 섬에서 번성했던 크레타 문명을 신화적으로 표현한 것이라고 주장하기도 한단다."

"크레타 문명이라고요?"

크레타 섬은 지중해 동쪽에 위치한 섬이다.

크레타 문명의 중심지였던 크노소스 궁전의 북쪽 입구 유적이다.

"크레타 문명은 청동기 시대의 고대 문명으로, 유럽에서 가장 오래된 문명이야. 미노스 문명이라고도 하지. 20세기 초에 영국의 고고학자가 크레타 문명의 유적을 발굴했는데, 문명이 아주 발달했다고 해."

"혹시 크노소스 궁전이 있던 곳 말인가요?"

"그래, 맞아. 일부 학자들은 화려한 크레타 문명이 순식간에 멸망한 것은 기원전 1620년경에 그리스 티라 섬(산토리니 섬)에 있는 화산이 폭발했기 때문이라고 생각해. 이 폭발은 규모가 **엄청나게** 커서 높이 30m에 달하는 거대한 지진 해일이 일어났는데, 이 해일이 가까이에 있는 크레타 섬을 덮쳐서 크레타 문명을 파괴했고 멸망시켰다는 거야. 역사책에는 크레타 문명이 그리스 본토의 미케네 인들에게 멸망했다고 쓰여 있지만 실제로 화산 폭발로 생긴 해일에 큰 피해를 입었거든."

"정말 크레타 문명의 멸망 이야기가 **아틀란티스의 전설**이 된 걸 수도 있겠네요."

티라 섬

크레타 섬

화산은 예술가

비너스의 이야기를 듣던 아이들은 얼굴이 점점 어두워졌어요.

"화산 폭발로 인한 피해에 대해 계속 들으니까 마치 화산 때문에 인류가 멸망할 것 같아서 무서워요."

"화산 폭발이 사람들에게 피해를 많이 주지만 을 주기도 해. 멋진 자연 지형을 만들어 주고, 화산재는 땅을 기름지게 해서 농작물이 잘 자라게 해 줘. 또 화산 근처의 땅에는 열이 많아서 이 열을 이용해 발전소를 짓기도 하지."

"화산이 멋진 자연 지형을 만들어 준다고요?"

"세계 자연 유산으로 선정된 제주도를 보면 알 수 있잖아. 제주도는 화산이 만들어 낸 아름다운 자연환경이 많아."

비너스는 커다란 사진 영상을 보여 주며 설명을 이어 갔어요.

"이것은 미국의 뉴멕시코 주에 있는 '십 록'이라는 지형이야. 십 록은 원래

미국 십 록

화산이었어. 그런데 오랜 세월 동안 풍화와 침식 작용으로 깎이고 파괴되어 중앙에 있던 마그마가 굳어서 생긴 부분만 남게 되었지. 평지에 서 있어서 별로 커 보이지 않지만 한라산보다 높단다."

"**멋지네요!** 화산이 만든 다른 지형은 또 뭐가 있나요?"

"주상 절리라는 것이 있지."

"제주도에 있는 주상 절리 말인가요?"

"그래, 주상 절리는 용암이 식어서 굳을 때 수축하면서 사이사이에 틈이 생겨 만들어져. 신기하게도 오각형이나 육각형 등으로 일정하게 갈라지기 때문에 마치 누군가 조각한 것처럼 보이지. 외국에서도 멋진 주상 절리를 볼 수 있는데, 북아일랜드 해안가에 있는 **'거인의 방죽 길'**이라는 곳이 유명해."

"거인의 방죽 길요? 이름이 재미있네요! 거인과 연관된 전설이 있나요?"

"맞아. 전설에 따르면 핀이라는 거인이 그곳을 만들었다고 해서 붙여진 이름이래. 실제로는 뜨거운 용암이 바닷물에 냉각되면서 멋진 기둥이 만들어진 거란다."

제주도 주상 절리

북아일랜드 거인의 방죽 길

"주상 절리 말고 또 다른 특이한 지형은 없나요?"

"물론 또 있지. 바로 용암이 흘러가면서 만든 **용암 동굴**이야. 화산에서 나온 용암이 흐를 때 표면은 차가운 공기에 의해 빨리 굳어지는 반면 내부 용암은 **천천히 식어서** 그대로 빠져나가 빈 공간이 생기는데, 이 공간이 바로 용암 동굴이지."

"제주도의 만장굴이 용암 동굴이지요?"

"그래, 한라가 잘 알고 있구나! 화산이 만든 신기한 지형 가운데 최고는 미국에 있는 옐로스톤 국립 공원이라고 할 수 있어."

"옐로스톤요? 노란 바위라는 뜻인가요?"

"그래, 노란 바위가 많아서 이런 이름이 붙여졌어. 옐로스톤 국립 공원은 19세기 중반에 탐험가들이 발견했는데, 독특한 지형이 아주 많아서 1872년에 세계 최초로 국립 공원으로 지정해 그 지역을 보호하고 있단다."

"그렇게 **신비한 것**이 많나요?"

"그래, 아주 많아. 자, 이 영상을 한번 보렴."

어느새 아이들 앞에 옐로스톤 국립 공원의 모습이 펼쳐졌어요. 멋진 골짜기, 절벽, 진흙 연못, 호수, 온천 등이 차례로 나타났지요.

"우아, 노란색 바위들이 가득하네."

"여긴 매머드 온천이야. 석회암층 위로 온천물이 흐르지."

아이들이 감탄하며 영상을 보는데, 갑자기 온천에서 물이 치솟았어요.

"앗, 깜짝이야!"

"호호, 여긴 '올드 페이스풀'이라는 간헐천이야. 옐로스톤에서 가장 유명한 장소지. 간헐천은 일정한 간격을 두고 뜨거운 물과 수증기를 뿜었다가 멈췄다가 하는 온천을 말해. 지하수가 땅속 마그마의 뜨거운 열기로 데워져 위로 올라오면서 물이 끓어서 수증기가 되어 뿜어져 나오지."

매머드 온천에서는 노란색 계단식 바위 위로 온천물이 흘러내린다.

올드 페이스풀 간헐천에서는 수증기와 온천수가 평균 65분 간격으로 솟구쳐 올라온다.

화산 폭발이 만든 붉은 노을

"**으악,** 해골이다!"

백두가 다른 방에 들어가자마자 갑자기
소리를 질렀어요.

"야, 그림을 보고 뭘 그렇게 놀라니? 이
유명한 그림도 몰라? 〈절규〉라는 작품이
잖아."

미술에 관심 많은 미진이가 한심하다는
듯이 백두를 쳐다보았어요.

에드바르 뭉크의 〈절규〉

"맞아. 노르웨이 화가 에드바르 뭉크가
1893년에 그린 〈절규〉라는 그림이야. 현대인의 **고뇌에 찬 감정**과 심
리를 잘 나타낸 걸작이라고 평가받는 그림이지."

"혹시 저 모습이 화산 폭발의 비극을 보고 절규하는 모습인가요?"

백두가 그림을 자세히 살펴보며 물었어요.

"그렇지 않아. 하지만 어떤 사람들은 뭉크가 화산 폭발로 나타나는 대기
현상을 이 그림에 그렸다고 주장한단다."

"아무리 봐도 노을을 배경으로 한 해골 같은 사람밖에 없는데요?"

"호호, 바로 그거야. 핏빛으로 **붉게 물든 노을**이 화산 폭발 때문에 생
겼다고 보는 거지."

"화산 때문에 이렇게 아름다운 노을이 생겼다고요?"

"그래. 뭉크가 이 노을을 보았을 때는 화산 폭발로 생긴 노을이라는 것

을 몰랐을 거야. 하지만 다른 때보다 훨씬 붉고 아름다운 저녁노을을 인상 깊게 보았다가 이 그림을 그릴 때 배경으로 표현한 거라고 보는 거지."

"화산과 노을이 무슨 관계가 있는데요?"

"일부 사람들은 뭉크 그림의 저녁노을이 핏빛으로 물든 건 화산재 때문이라고 생각해. 하늘에 화산재가 많아서 평소보다 노을이 훨씬 붉게 보였다는 거지."

"왜 화산재가 많으면 하늘이 더 붉게 보이는데요?"

"햇빛은 여러 가지 색깔로 이루어져 있는데, 공기 중의 먼지나 수증기 같은 작은 입자에 부딪치면 사방으로 흩어져. 저녁때는 햇빛의 붉은빛이 지상에 가까운 하늘에서 흩어져서 우리 눈에 하늘이 붉게 보이지. 그런데 하늘에 화산재가 많으면 햇빛이 더 많이 흩어져서 노을이 더 붉게 보이는 거야."

저녁노을이 참 예쁘다!

저녁에는 햇빛이 들어오는 경로가 길어 파장이 긴 붉은색 빛만이 대기를 통과해 우리 눈앞에서 흩어져 노을을 볼 수 있다.

"그럼 그때의 화산재는 어떤 화산이 폭발해서 나온 거예요?"

"1883년 12월에 인도네시아에 있는 크라카타우 섬의 화산이 폭발할 때 나온 화산재야. 이 화산 폭발은 섬의 절반 이상이 사라질 정도로 큰 폭발이었는데, 폭발할 때 화산재가 엄청나게 많이 나왔지. 이 화산재가 지구 곳곳으로 날아갔는데, 뭉크가 사는 노르웨이까지 날아간 거야."

"헉, 인도네시아와 노르웨이는 거리가 아주 **멀지** 않나요? 어떻게 인도네시아에서 생긴 화산재가 유럽까지 날아갈 수 있죠?"

"화산재 중에서 먼지만큼 작은 것들은 떨어지는 속도가 아주 느려서 땅으로 **떨어지지 않고** 유럽까지 날아간 거야."

"화산재가 그렇게 멀리까지 날아간다니 놀라워요."

"영국의 화가 윌리엄 애슈크로프트와 많은 화가들이 크라카타우 화산 폭발이 만든 아름다운 저녁노을을 보고 그림으로 그렸단다."

비너스는 **불타는 듯한** 하늘이 그려진 멋진 그림을 보여 주었어요.

"정말로 그때 이렇게 하늘이 불타는 것 같았나요?"

"당시에는 아직 컬러 사진이 발명되지 않아서 정확하게 알 수는 없지만 화가들이 남긴 그림이나 기록을 보면 그랬던 것 같아."

"화산재가 멋진 저녁노을을 만들다니 정말 신기해요."

"화산 폭발은 많은 화가들에게 인상적인 그림을 그릴 수 있게 했고, 멋진 작품을 남기게 했어. 하지만 화산 폭발은 매우 위험한 자연 현상이고, 이에 대해 대비를 철저히 하지 않으면 언제든지 폼페이 시민들과 같은 비극을 맞을 수 있다는 것을 잊지 말아야 해."

엄청난 폭발을 그렸구나.

1883년 크라카타우 섬의 화산 폭발을 그린 그림이다.

화산과 지진 체험 완료

비너스의 이야기를 듣다 보니 어느새 체험관 출구가 보였어요.

"비너스 님, 재미있고 유익한 이야기를 들려주어서 고마워요!"

"재미있었다니 다행이야."

비너스는 아이들에게 인사하고 서서히 사라졌어요.

아이들이 출구로 나가니 안내 도우미 누나가 있었어요.

"친구들, 테마파크 체험은 즐거웠나요?"

"네! 정말 많은 것을 알게 되었어요. 우리나라에 지진이나 화산 폭발이 잘 일어나지 않는다고 다른 나라 이야기로만 여겨서는 안 될 것 같은 생각이 들어요. 우리나라에서도 옛날에 큰 화산 폭발이 있었고, 앞으로 백두산이 폭발할 가능성도 있다니 놀랍기도 하고 걱정도 돼요."

"저는 체험 보고서에 바다 밑이 넓어지고 대륙이 움직인다는 사실을 쓸 거예요. 반 친구들이 이 사실을 알면 놀랄 것 같아요."

백두가 자랑스러운 듯이 말했어요.

"그래요. 우리나라에도 작은 지진이 종종 일어나고, 언제 또 큰 지진이 일어날지 몰라요. 그래서 지진이나 지진 해일에 대비할 필요가 있지요. 지진과 화산 폭발이 일어나면 어떻게 해야 하는지 아까 배웠죠? 잘 기억해 두세요."

"네, 잊지 않고 꼭 기억할게요."

"우리나라는 삼면이 바다로 둘러싸여서 지진 해일 피해를 받기 쉬워요. 대부분의 경우 지진이 일본 앞바다에서 일어나 우리나라에 피해를 주는 일은 드물지만 지진 해일이 발생할 가능성은 있어요. 그래서 바닷가에 놀러 갔을 때 지진 해일 경보가 울리면 신속하게 대피해야 해요."

"네, 알겠습니다!"

아이들은 **씩씩한 목소리**로 대답했어요.

"전 화산이 사람들에게 피해만 주는 게 아니라 도움을 주기도 한다는 사실이 신기했어요."

한라도 느낀 점을 말했어요.

"그래요. 화산 폭발과 지진은 두려운 자연 현상이지만 우리가 주의하고 잘 대비한다면 피해를 줄일 수 있어요. 여러분, 집으로 돌아가도 화산과 지진에 대해 계속 관심을 가져 주세요. 그럼 조심해서 가세요. 안녕!"

아이들은 마치 **신나는 모험**을 한 듯한 기분으로 즐겁게 집으로 돌아갔어요.

Q | 불카누스는 어떤 인물일까?

A | 불카누스는 로마 신화에 등장하는 불을 주관하는 대장간의 신이다. 특히 화산 폭발이나 화재 등 파괴적인 성격의 불을 주관했다. 파괴적인 불의 신이었기 때문에 불카누스의 신전은 도시 바깥에 있었다. 불카누스는 그리스 신화의 헤파이스토스에 해당한다.

Q | 폼페이는 어떤 곳일까?

A | 폼페이는 이탈리아 남부에 있던 고대 도시이다. 기원전 5세기 무렵부터 비옥한 평야를 기반으로 농업, 상업의 중심지로 번창했고, 곳곳에 로마 귀족들의 별장이 있었다. 하지만 79년에 일어난 베수비오 화산의 폭발로 화산재 아래에 오랫동안 묻혀 있다가 18세기에 유적이 본격적으로 발굴되기 시작해 지금까지도 발굴이 계속되고 있다. 발굴된 유물과 유적으로 당시 로마 제국의 일상생활을 알 수 있으며 많은 벽화를 통해 유품이 적은 헬레니즘 회화를 엿볼 수 있다.

4학년 1학기 과학 3. 화산과 지진

주상 절리는 어떻게 만들어졌을까?

 주상 절리는 용암이 식으면서 부피가 작아져서 생기는 다각형 기둥 모양의 틈이다. 이것은 용암이 지표에서 흘러내려 냉각되면서 표면에서 아래쪽 방향으로 갈라지면서 수축하여 만들어진다. 제주도의 정방 폭포나 천지연 폭포는 주상 절리가 생긴 절벽에 폭포가 발달하여 만들어졌다.

제주도 주상 절리

크라카타우 섬의 화산 폭발은 얼마나 컸을까?

 크라카타우 섬은 인도네시아 수마트라 섬과 자바 섬 사이의 해협에 있는 화산섬이다. 인류 역사상 가장 큰 화산 폭발이 1883년에 크라카타우 섬에서 일어났다. 해수면 위로 약 1,800m 높이까지 솟아 있던 화산의 산꼭대기가 대폭발로 파괴되어 지름이 6km인 칼데라를 만들었다. 1883년 5월 20일에 화산이 활동하면서 재가 섞인 연기가 10km 높이로 치솟았고, 폭발음이 160km 밖의 자카르타까지 들렸다. 5월 말에 활동을 멈췄던 화산이 6월 19일에 다시 활동을 시작하여 8월까지 격렬하게 활동했다. 8월 26일 새벽에 폭발하기 시작해 오후에는 재가 섞인 연기가 28km까지 솟아올랐고, 절정이었던 27일 오전에는 약 3,520km 떨어진 오스트레일리아까지 소리가 들리고 연기와 재의 기둥이 80km 높이까지 치솟는 폭발이 일어났다.

핵심 용어

규모
지진의 강도를 나타내는 절대적 개념의 단위로, 미국의 지진학자인 찰스 리히터가 제안함. 지진계에 기록된 지진파의 최대 진폭을 측정해 지진에 의해 방출된 에너지의 양을 측정함.

대륙 이동설
약 3억 년 전에 한 덩어리였던 거대한 대륙이 여러 대륙으로 분리되고, 오랜 세월 동안 이동하여 현재와 같은 상태가 되었다고 베게너가 주장한 학설.

마그마
맨틀이나 지각의 아랫부분이 뜨거운 열에 녹아서 만들어지는 액체 상태의 물질. 액체 상태로 존재하기 때문에 밀도가 작아서 지각에 균열이 생기면 약한 부분을 뚫고 지상으로 분출함.

맨틀 대류설
맨틀은 고체이지만 딱딱한 지각과 달리 움직일 수 있어서 대류 현상이 일어나는데, 이때 움직이는 맨틀 위에 실려서 대륙이 함께 이동한다는 학설.

베수비오 화산
이탈리아 나폴리 동쪽에 있는 활화산으로, 79년에 폭발해 로마 제국의 폼페이와 헤르쿨라네움을 파괴시킴. 산 중턱의 서쪽 높이 약 600m 지점에는 1845년에 세계에서 최초로 건설된 화산 관측소가 있음.

에트나 화산
이탈리아 시칠리아 섬의 동쪽 해안에 있는 산으로, 유럽에 있는 화산 가운데 가장 높음. 기원전 693년에 일어난 에트나 화산 분출이 인류가 기록한 역사에서 가장 오래된 화산 폭발임. 역사상 200번이 넘게 폭발한 것으로 알려짐.

용암
마그마가 지표를 뚫고 나와 흐르는 물질로, 마그마에서 가스 성분이 빠져나간 것. 용암의 점성에 따라 경사가 급한 화산을 만들기도 하고, 경사가 완만한 화산을 만들기도 함.

용암 대지
화산에서 용암이 아주 많이 흘러나와 넓은 땅을 덮어 만들어진 곳. 대부분 현무암으로 되어 있음.

지각
지구의 바깥쪽을 차지하는 부분. 두께가 대륙 지역에서는 평균 35km, 대양 지역에서는 5~10km임.

지진
지구 내부의 지층이 큰 힘을 받아 끊어지면서 땅이 흔들리는 현상.

지진파
지진이 일어날 때 생긴 진동이 사방으로 전달되는 것을 말함. 실체파인 P파와 S파, 표면파인 레일리파와 러브파가 있음.

지진 해일
바다 밑에서 일어난 지진이나 화산 폭발로 생기는 엄청나게 높은 파도로, 쓰나미라고도 함. 해안가에 커다란 피해를 입힘.

진도
지진의 크기를 나타내는 상대적인 개념의 단위. 사람이 느끼는 흔들림의 정도와 건물의 피해 정도를 기준으로 나타냄.

진앙
진원에서 수직으로 위로 올라가 지표면과 만나는 지점으로, 지진 발생 시 피해가 가장 큼.

진원
지진이 처음 일어난 땅속의 지점으로, 최초로 지진파가 발생한 곳.

판 구조론
지구 표면은 여러 개의 판으로 이루어져 있으며, 각각의 판이 맨틀의 움직임에 따라 움직이면서 화산 활동과 지진 같은 지각 변동이 일어난다는 이론.

해구
바다 밑바닥에 있는 V 자 모양의 좁고 깊은 골짜기로, 바다에서 가장 깊은 곳임. 대부분 태평양에 있으며, 가장 깊은 해구는 필리핀 부근에 있는 마리아나 해구로, 깊이가 11,034m나 됨.

해령
4,000~6,000m 깊이의 바다 밑에 산맥 모양으로 솟은 지형으로, 해저 산맥이라고도 함. 해양 지각이 생성되는 곳임.

해저 확장설
해령에서 새로운 해양 지각이 만들어져 이 지각이 대륙 쪽으로 이동하면서 바다 밑이 넓어진다는 학설.

홀로그램
3차원 영상으로 된 입체 사진으로, 홀로그래피의 원리를 이용하여 만들어짐.

화산
땅속 깊은 곳에서 생겨난 뜨거운 마그마가 지각의 약한 틈을 뚫고 지표 위로 분출하여 만들어진 산.

화산섬
섬 전체 또는 대부분이 해저 화산의 분출물이 쌓여서 이루어진 섬. 울릉도, 독도, 하와이 등이 있음.

일러두기

1. 띄어쓰기는 국립국어원에서 펴낸 「표준국어대사전」을 기준으로 삼았습니다.
2. 외국 인명, 지명은 국립국어원의 「외래어 표기 용례집」을 따랐습니다.